陈伦寿 男，1931 年出生，江苏省镇江市人，1954 年毕业于北京农业大学（现中国农业大学）土壤农化系，毕业后留校任教，1987 年晋升为教授。1991 年退休前任北京农业大学资源与环境学院植物营养系教授。终身享受国家特殊津贴。

任职期间，长期从事教学与科研工作。曾为大学本科和研究生讲授“农业化学总论”“作物施肥法”“农田施肥原理与实践”“植物营养与施肥专题”课程。并参编或主编“农业化学”“作物施肥法”“农田施肥原理与实践”等教材。

在科研方面，主要从事植物营养与施肥的研究工作。1981—1994 年参加中国和联邦德国合作科研项目（CIAD－2）。“六五”和“七五”期间分别参加了国家科技攻关项目“我国主要复合（混）肥料品种的肥效机理和施用技术”、“黄淮海平原综合治理”项目中的“大面积经济施肥与培肥技术”以及“掺合肥料施用技术”的研究。先后获农业部科技进步二等奖和三等奖、化工部科技进步二等奖。

此外，1984 年和 1990 年先后以访问学者身份两次访问德国霍恩海姆大学植物营养研究所。

主要的合作编著有《农田施肥原理与实践》《化学肥料》《果树配方施肥技术问答》《农化服务手册》《巧施化肥》《蔬菜营养与施肥技术》等。此外，在专业期刊上还发表过多篇学术论文。

陆景陵　女，江苏南京市人，1931年出生。1953年毕业于南京农学院土壤肥料系；1956年北京农业大学（现中国农业大学）土壤农化系研究生毕业，并留校任教。1987年晋升为教授。1991年退休前任北京农业大学资源与环境学院植物营养系教授。终身享受国家特殊津贴。

任职期间长期从事教学与科研工作。曾为大学本科和研究生讲授“农业化学总论”“植物营养元素的农业化学”“植物营养学”“肥料学”“植物营养与施肥专题（钾肥部分）”等课程。自1980年起先后兼任北京市高等自学考试委员会“农业化学”课程考试委员、中央广播电视大学和中央农业广播电视学校“肥料学”主讲教师等职。1983年被评为农牧渔业部部级优秀教师；1986年被评为中央农业管理干部学院农业干部教育工作优秀教师。1994—1997年任中国农业大学教务处《教学研究与实践》刊物的责任编辑。曾为中国农业大学教务处教学视导组成员。

在科研方面，主要从事植物营养与施肥的研究工作。曾参加国家“六五”、“七五”科技攻关课题的研究。其中“我国主要复合（混）肥料品种的肥效机能和施肥技术”的研究，获得了1989年农业部科技进步二等奖。

多年来主编和编著的教材有《植物营养学（上册）》《土壤与肥料》《化学肥料考试参考书》等；合作编著的有《农业化学总论》《土壤肥料学》《中国肥料》《农化服务手册》《巧施化肥》《蔬菜营养与施肥技术》等。曾发表过多篇科学论文。

作物营养与施肥技术丛书

合理施肥知识问答

陈伦寿　陆景陵　编著

中国农业大学出版社

图书在版编目(CIP)数据

合理施肥知识问答/陈伦寿,陆景陵编著.—北京:中国农业大学出版社,2006.10

(作物营养与施肥技术丛书)

ISBN 978-7-81117-033-7

Ⅰ.合… Ⅱ.①陈… ②陆… Ⅲ.施肥-问答 Ⅳ.S147.2-44

中国版本图书馆 CIP 数据核字(2006)第 046694 号

书　　名 合理施肥知识问答

作　　者 陈伦寿　陆景陵　编著

策划编辑 孙　勇　　**责任编辑** 韩元凤

封面设计 郑　川　　**责任校对** 陈　莹　王晓凤

出版发行 中国农业大学出版社

社　　址 北京市海淀区圆明园西路 2 号　**邮政编码** 100193

电　　话 发行部 010-62818525,8625　读者服务部 010-62732336

编辑部 010-62732617,2618　出　版　部 010-62733440

网　　址 http://www.cau.edu.cn/caup **E-mail** caup@public.bta.net.cn

经　　销 新华书店

印　　刷 涿州市星河印刷有限公司

版　　次 2006 年 10 月第 1 版　2012 年 3 月第 12 次印刷

规　　格 890×1 240　32 开本　6.625 印张　135 千字　彩插 18

定　　价 23.00 元

《作物营养与施肥技术丛书》编委会

前　　言

本书是在化学工业出版社1999年版《巧施化肥》的基础上，经过内容调整和增补而成的，书名更改为《合理施肥知识问答》。

施肥是农业生产中一项重要而有效的增产措施，搞好农业生产离不开合理施肥。作者根据多年来从事教学和生产实践的体会认为，要做到合理施肥，必须掌握植物营养、土壤性质和肥料性质等方面的知识，尤其要掌握施肥的理论和技术。这样，才能经济有效地用好肥料，为农民科技致富助一臂之力。

编写这本科普读物的目的是试图从植物营养、土壤性质、化肥性质、施肥理论与技术以及主要作物的施肥技术等五方面，以问答方式阐述它们与合理施肥的关系，最后以合理施肥的要诀为题作为总结，希望它能对农民提高科学施肥水平有所帮助。

我们相信：农民只要认真地按照6句要诀指导施肥，就能抓住合理施肥的要领，达到合理施肥的目的。这样，农业生产的高产、优质、高效总目标才能实现！

本书内容切合实际，通俗易懂，附有100幅作物营养缺素症彩图是本书的一大特色。本书除适合广大农民阅读外，还可供基层农业科技、农化服务人员和农业院校师生参考。

2006年7月于北京

目　录

一、植物营养与合理施肥

二、土壤性质与合理施肥

三、肥料性质与合理施肥

四、施肥理论与技术

五、主要作物的施肥技术

六、合理施肥的要诀

附 表

彩 图

一、植物营养与合理施肥

☞ 1. 高等植物正常生长发育所需的必需营养元素有哪些？

在植物体内经常可以检测到70多种化学元素，但国际公认的高等植物生长发育所需的必需营养元素仅有16种，它们是碳(C)、氢(H)、氧(O)、氮(N)、磷(P)、钾(K)、钙(Ca)、镁(Mg)、硫(S)、铁(Fe)、硼(B)、锰(Mn)、铜(Cu)、锌(Zn)、钼(Mo)和氯(Cl)。按植物对它们需要量的多少，可分为大量营养元素、中量营养元素和微量营养元素。大量营养元素包括碳、氢、氧、氮、磷、钾，中量营养元素有钙、镁、硫，微量元素包括铁、硼、锰、铜、锌、钼和氯。现在也有学者认为镍(Ni)是第17种必需营养元素。

据研究，确定为植物必需营养元素的3个条件是：①这种元素对植物的营养生长和生殖生长应该是必不可少的，当它完全缺乏时，植物就不能完成其生命周期；②植物对这种元素的需要是专一的，其他元素不能代替它的作用，缺乏时，植物会出现特殊的缺乏症状，只有满足这种元素，症状才会消除；③这种元素必须在植物体内起直接作用，而不仅仅是起改善植物生长环境的间接作用。

☞ 2. 为什么说土壤是植物的“养分库”？

植物正常生长所需的必需营养元素有两个主要来源：一是从空气中获得二氧化碳和从水分中获取氢和氧；二是通过根系从土壤中吸取各种矿质营养元素，输送到植物各个部位，以供所需（图 1-1）。

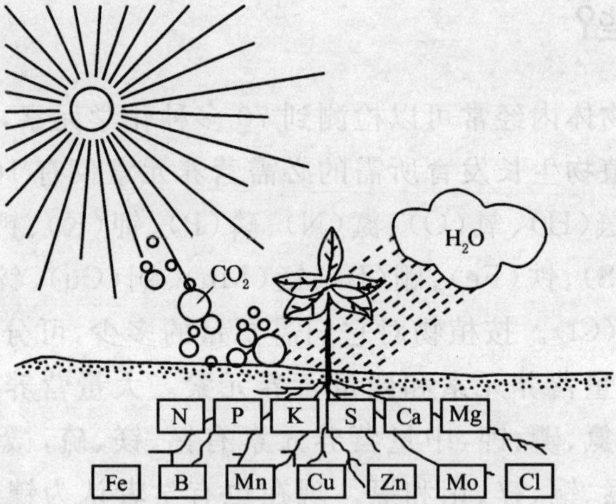

图 1-1 植物所需养分来源示意图

应该指出，由于豆科作物（如大豆、花生等）根上长有许多根瘤，根瘤中的根瘤菌有固定空气中氮素的特殊本领，它可以部分解决其自身所需氮素的来源。

由此可见，土壤是作物吸取养分的重要来源，把土壤叫做植物的“养分库”是很形象的。但是这个“库”中的养分无论是数量上还是形态上都很难完全满足作物对营养的需要。所以，农业生产上需要通过合理施肥来解决作物需肥多与土壤供肥不足的矛盾。总之，合理施肥是提高作物产量的重要手段。

☞ 3. 为什么农业生产上通常把氮、磷、钾称为“肥料三要素”？

就作物而言，尽管90%以上的干物质是由碳、氢、氧3种元素组成的，而土壤所供给的养分在数量上仅占5%，但除特殊情况（如遇旱、涝年份）外，大田作物不会因缺少碳、氢、氧而减产，相反，影响作物产量的往往是由土壤供给的那一小部分，特别是氮、磷、钾3种营养元素，作物对它们的需要量大，而大多数土壤中有效态的氮、磷、钾养分的量却不丰富，在供需之间有明显差距。农业生产实践证明，为了提高作物产量，常需要通过施用化学肥料来调节土壤和作物间的养分供需矛盾。实践证明，施用氮、磷、钾肥后，作物往往有明显的增产效果。所以，人们称氮、磷、钾为“肥料三要素”。这就是我国化肥工业一直十分重视氮、磷、钾肥生产的原因。

☞ 4. 大量营养元素对植物生长发育的主要生理作用有哪些？

植物必需的大量营养元素包括碳、氢、氧、氮、磷、钾6种，它们在植物生长发育过程中起着十分重要的生理作用。

（1）碳、氢、氧：它们是植物体内各种重要有机化合物的组成元素，如碳水化合物、蛋白质、脂肪和有机酸等；植物光合作用的产物——糖是由碳、氢、氧构成的，而糖是植物呼吸作用和体内一系列代谢作用的基础物质，同时也是代谢作用所需能量的原料；氢和氧在植物体内的生物氧化还原过程中也起着很重要的作用。

(2)氮：蛋白质和核酸中都含有氮素，而蛋白质又是构成原生质的基本物质。氮是叶绿素的组成成分，而叶绿素是高等绿色植物进行光合作用不可缺少的物质。氮也是植物体内许多酶的成分。酶是一种催化剂，如同发面时用的“起子”一样，能控制体内各种生物化学反应的过程。一些维生素和生物碱中也含有氮素。

(3)磷：磷是细胞核和核酸的组成成分，核酸在植物生活和遗传过程中有特殊作用；磷脂中含有磷，而磷脂是生物膜的重要组成部分；腺三磷成分中有磷酸，而腺三磷是植物体内能量的中转站，积极参与能量代谢作用；磷是植物体内各项代谢过程的参与者，如参与碳水化合物的运输，蔗糖、淀粉及多糖类化合物的合成；磷有提高植物抗旱、抗寒等抗逆性和适应外界环境条件的能力。

(4)钾：钾是光合作用中多种酶的活化剂，能提高酶的活性，因而能促进光合作用；钾能提高植物对氮素的吸收和利用，有利于蛋白质的合成；钾具有控制气孔开、闭的功能，因此有利于植物经济用水；钾能促进碳水化合物的代谢，并加速同化产物向贮藏器官中运输；钾能增强植物的抗逆性，如抗旱、抗病等。

作为肥料三要素的氮、磷、钾，是首先应该充分供应的养分。要发挥其他养分的作用，也需在氮、磷、钾充足的基础上才有可能。由此可见，施用氮、磷、钾肥的重要性。

☞ 5. 中量营养元素对植物生长发育的主要生理作用有哪些?

植物必需的中量营养元素包括钙、镁、硫3种，它们在植物生长发育过程中也起着十分重要的生理作用。

(1)钙：钙是质膜的重要组成成分，有防止细胞液外渗和早衰的作用；钙是构成细胞壁不可缺少的物质，缺钙会影响细胞的分裂和新细胞的形成；钙是某些酶的活化剂，例如淀粉酶；钙有中和酸和解毒的作用，如草酸钙的形成，对细胞的渗透调节十分重要。

(2)镁：镁是叶绿素的组成成分，缺镁时植物合成叶绿素受阻；镁是糖代谢过程中许多酶的活化剂；镁能促进磷酸盐在体内的运转；它参与脂肪的代谢和促进维生素A和维生素C的合成。

(3)硫：有3种氨基酸中含有硫，因此，它是蛋白质的组成成分，缺硫时蛋白质形成受阻；在一些酶中也含有硫，如脂肪酶、脲酶都是含硫的酶；硫能提高豆科作物的固氮效率；硫参与植物体内的氧化还原过程；硫对叶绿素的形成有一定的影响。

随着农业生产的发展和作物单产的不断提高，植物对中量营养元素的需要量日益增多。由于施用高浓度单质磷肥和复混肥料的数量增加，在一些地区及某些作物上陆续出现缺乏中量营养元素的症状。因此，施用含钙、镁、硫的肥料，对提高作物产量十分必要。

☞ 6. 微量营养元素对植物生长发育的主要生理作用有哪些？

植物所需的微量营养元素共有7种，即铁、硼、锰、铜、锌、钼和氯，它们的生理作用可归纳为以下几方面：

(1)是某些酶的成分。大多数微量营养元素都是某些酶的组成成分。如铁是细胞色素氧化酶、过氧化氢酶、过氧化物酶的成分；锰是某些脱氢酶、羧化酶、激酶、氧化酶的成分；铜是多种氧化酶的成分；锌是碳酸酐酶的成分；钼是硝酸还原酶的成分。

(2)参与体内碳氮代谢。微量营养元素积极参与植物体内碳水化合物和蛋白质的代谢作用。如硼能促进碳水化合物的运输，有利于蛋白质的合成，并能促进籽粒的受精作用；锰能促进氨基酸合成肽，有利于蛋白质合成，也能促进肽水解生成氨基酸，并运往新生的组织和器官；锌与碳水化合物的转化有关，也能促进蛋白质的合成；铜对氨基酸活化及蛋白质合成有促进作用；钼能促进豆科作物固氮。

(3)与叶绿素合成及稳定性有关。铁是合成叶绿素时所必需的，植物缺铁会导致叶绿体结构破坏；锰直接参与光合作用过程中水的光解；叶绿体中含有较多的铜，它不仅与叶绿素的合成有关，而且能提高叶绿素稳定性，避免叶绿素过早地被破坏。

(4)参与体内的氧化还原反应。铁与有机化合物结合后，能提高其氧化还原能力，以调节体内氧化还原状况；铜是植物体内很多氧化酶的成分，它以酶的方式积极参与体内氧化还原反应；锰参与氧化还原反应，影响硝酸还原作用。

(5)促进生物固氮。钼能促进豆科作物固氮。豆科作物缺钼表现为根瘤发育不良，根瘤少且小，降低固氮能力。铜对共生固氮作用也有影响。当植物缺铜时，根瘤内的末端氧化酶的活性降低，使固氮能力下降。

(6)促进生殖器官的发育。硼对作物生殖器官的发育有特殊的作用。它能刺激植物花粉的发育和花粉管的伸长，有利于受精。甘蓝型油菜的“花而不实”，棉花的“蕾而不花”，小麦的“穗而不实”，花生的“有壳无仁”，以及果树的坐果率低、果实畸形都是缺硼的表现。

总之，尽管作物对微量营养元素的需要量很少，但它们所起的生理作用却很重要。目前全国缺乏微量元素的农田面积有逐年增加的趋势，但是微肥的合理施用尚未引起广大农民足够的重视。从养分平衡和平衡施肥的角度来看，合理施用微肥将是进一步提高作物产量的重要措施。

☞ 7. 为什么各种营养元素对作物是同等重要和不可代替的？

植物所需的16种必需营养元素，在植物生长发育过程中具有同等重要和不可代替的作用。充分理解这个道理，对于合理施肥具有十分重要的指导意义。尽管植物体内各种营养元素的含量差异很大，有的相差可达十倍、百倍、千倍，有的相差还要大，但它们各自担负的营养生理作用却是独特的、相互之间是不可代替的。因此，对作物来讲，各种营养元素是同等重要和不可代替的。例如，不能认为植物体内含量多的氮、磷、钾就重要，而含量少的微量营养元素就不重要；也不能用多施氮肥来代替磷、钾肥。同样的道理，也不能因为施用了氮、磷、钾肥料，就不需要施用微肥了。应该认识到，这是指导合理施肥，实现高产、优质、高效综合目标的一个基本原则。

☞ 8. 什么叫营养元素的相互作用？它与施肥有什么关系？

作物通过根系从土壤溶液中吸收养分，要受土壤溶液中各种离子的影响。这些养分离子间的相互作用对根系吸收养分的影响极其复杂，主要有养分离子间的拮抗作用和协同作用，如图 1-2 所示。

(1)拮抗作用：所谓养分离子间的拮抗作用是指在土壤溶液中某种养分离子的存在，能抑制植物对另一种或多种养分离子的吸收。这对作物吸收养分是不利的。

生产上这样的例子很多，例如，在酸性土壤上氮肥施用量不宜过多，否则铵离子浓度较高时，作物吸收钙离子就困难。在缺钾的沙性土上，氮肥与钾肥应配合施用，但钾肥施用一次不能过多，因为钾离子对钙、镁和铵的吸收也会产生拮抗作用。钾施多了，会引起植物缺钙、缺镁。此外，硝酸根离子与磷酸根离子之间的拮抗作用在生产上也是存在的。因此，施用硝态氮肥时，应重视增施磷肥。作物缺磷时，由于过量施用

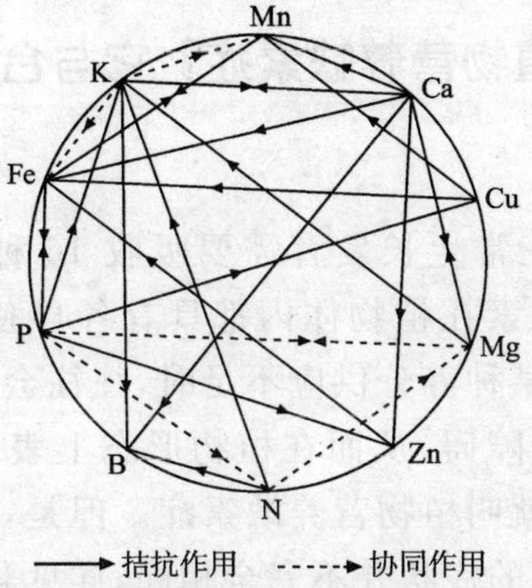

图 1-2 营养元素相互作用的图解

磷肥而诱发作物缺锌也是拮抗作用的典型例证。

(2)协同作用:所谓养分离子的协同作用是指某种养分离子的存在,能促进根系对另一些养分离子的吸收。这对作物吸收养分是有利的。

阴离子对阳离子的吸收一般都具有协同作用,如氮肥与磷肥配合施用即是一例。这是因为磷能促进作物体内碳水化合物的运输,有利于氨基酸的合成,氨基酸再进一步合成蛋白质。

总之,了解营养元素之间的相互作用并在农业生产中加以应用。通过合理施肥的措施,充分利用离子的协同作用,避免出现拮抗作用,就能达到增产的目的。

☞ 9. 什么叫植物营养缺素症？它与合理施肥有什么关系？

高等植物正常生长发育需要吸收 16 种必需营养元素。由于各种营养元素在植物体内都具有各自独特的生理作用，因此，当土壤中某种养分供应不足时，往往会导致一系列物质代谢和运转发生障碍，从而在植物形态上表现出某些专一性的特殊症状，这就叫植物营养缺素症。但是，不同作物对缺乏同一元素所表现的症状并不完全相同，详见彩图。

植物营养缺素症是由于营养不良而引起的一种“病害”，而不是由病原菌侵染引发的病害。由于起因不同，防治的措施当然就不一样。人们把因缺乏养分引起的缺素症称为生理病害，它可以通过合理施肥来解决，而对于病原性病害，则应用喷洒农药来防治。

应当指出，营养缺素症是植物体内营养失调的外部表现。因此，对作物进行形态诊断是合理施肥的重要依据。生产上如能及时施所缺元素的肥料，一般症状可以消失，产量的损失也可大大减轻。

☞ 10. 作物缺乏大量营养元素和微量营养元素时在部位上有何不同？

作物在缺乏大量营养元素氮、磷、钾时，由于它们在作物体内流动性大，可从下部老叶向新叶中转移，以保证新叶的正常生长，因而缺素症状首先从下部老叶上表现出来。这种养分能从衰老器官向新生器官转移的现象称为养分的再利用。然而，微量营养元素就不同了，微量营养元素在植物体内大多是酶的组成成分，不易移动。在作物缺乏微量营养元素时，由于它们不能从老叶向新叶中转移，因而缺素症状大多发生在新叶上。这就是缺乏大量营养元素与缺乏微量营养元素在形态上重要区别的原因。

作物的缺素症状是其体内养分状况失调的外部反应。根据作物出现缺素症的部位和特征，通过对田间作物进行形态诊断，可以确定作物缺乏何种营养元素，并以此作为合理施肥的科学依据。

☞ 11. 作物叶片黄化有哪几种可能性？应采取什么措施？

很多原因都会导致作物叶片黄化，千万不要一见叶片发黄就简单地认为是作物缺氮，此时采取追施氮肥的办法不一定有效。一般来说，作物叶片黄化有以下两类情况：

(1)养分因素：是由于缺乏某种养分引起的生理病害。属于这种情况的叶片虽都是发黄，但又有不同的表现。一种是植物缺氮，使得叶片发黄，其特征首先是植株下部的老叶褪绿，如玉米缺氮是沿着叶片的中脉向两侧变黄，并有由叶尖向叶基部扩展的趋势，严重时整个叶片枯黄，同时植株矮小，叶片很薄。小麦缺氮表现为麦苗矮小，叶片短窄，下部老叶首先发黄。如能及时追施氮肥，缺氮症状能够减轻。另一种是植物缺铁。桃树缺铁的特征是上部新叶发黄，逐渐呈黄白色，而老叶仍保持绿色。花生也常出现缺铁症状，上部新叶叶脉间变为黄色，而叶脉仍保持绿色。遇到这种症状，应及时叶面喷施0.5%硫酸亚铁溶液或液体微肥，可使症状减轻或消失。

(2)环境因素：是由于环境条件恶劣造成的叶片黄化。属于这种情况的有几种可能：①由于严重干旱，作物根系无法从土壤中得到足够的水分，当然也不可能获得足够的养分；②由于局部地势涝洼积水，导致植株根系缺氧，吸收养分困难；③病虫危害造成的。因此，应根据具体的情况，分别采取相应的灌溉、排涝和喷洒农药等措施才能奏效。

☞ 12. 麦苗生长缓慢，茎基部叶鞘呈紫红色是怎么回事？

通常，春季到来后小麦开始返青，生长速度逐渐加快。可是有的麦田里，麦苗生长缓慢，仔细观察，发现茎基部叶鞘呈紫红色，尤其是叶片的背面更为明显。事实上，这是小麦缺磷的典型症状。这种现象有时是由于早春气温偏低，土壤微生物活动较弱，致使土壤暂时性供磷不足造成的，尤其是土壤质地黏重时最容易发生。

防治措施：①土壤条施过磷酸钙；②叶面喷施1%的过磷酸钙清液；③进行中耕松土，提高土壤温度，促进土壤有效磷的释放。

☞ 13. 水稻苗期出现“僵苗”是什么原因？

水稻田中常会出现“僵苗”，从外表看，就是插秧后水稻缓苗慢，“发僵”不长，幼苗呈直立状。其实造成“僵苗”的原因很复杂，一般有以下几种情况：

(1)缺磷引起的。水稻缺磷的症状是新叶暗绿，下部老叶呈紫红色，叶片直立，鞘长叶短，严重时叶片卷曲。分蘖少，根系细弱软绵，弹性差。产生原因是：①土壤缺乏有效态磷；②因水凉、土温低，致使土壤中有机态磷转化慢；③土壤中有较多的还原性物质，如硫化氢对稻根产生毒害，影响水稻根系对养分的吸收。

(2)缺钾引起的。一般水稻返青后就会出现症状，在移栽后20～30天达到高峰。其症状是：生长停滞，植株矮小，叶色深绿，分蘖少。植株下部叶片从叶尖向基部逐渐出现黄褐色至赤褐色斑点，并连成条斑，严重时叶片自下而上出现症状并枯死。远看一片焦赤，农民称之为“铁锈”稻。产生原因是：①稻根遇冷害，或土壤中含有有毒物质；②沙土及漏水田，土壤有效钾含量低；③由于偏施氮肥，养分不平衡所致。

(3)缺锌引起的。通常在插秧后20天左右发病严重。分蘖期新叶基部发白，老叶沿中脉两侧变褐，并有不规则的褐色斑点；老叶的叶尖干枯；有时部分老叶的中脉呈褐色。新叶小，出叶慢，叶鞘短，植株矮缩。所以也称为“倒缩苗”。产生原因是：①石灰性土壤和盐碱土的有效锌含量低，易缺锌；②土壤连年大量施用磷肥，使土壤有效锌含量降低而导致的诱发性缺锌。

☞ 14. 作物叶片边缘枯焦是什么原因？

作物缺钾症状与缺氮症状有明显的差异。如玉米生长中期缺氮的表现是老叶沿中脉向两侧褪绿，呈现黄色，而缺钾的症状则通常是从老叶的叶尖和边缘开始褪绿，逐渐变为褐色。随着缺钾程度的加重，叶尖和叶缘褪绿区逐渐坏死，叶片干枯，呈烧焦状，农民称它为“焦边”。缺钾的大豆和棉花叶片，不仅有明显的枯边现象，而且叶片上有褐色斑点，严重缺钾时，叶片因组织坏死而破损。水稻拔节期缺钾的表现是叶尖枯焦，叶缘枯黄，叶片上有斑点。

缺钾除了直接影响作物产量外，还易感染病害，如水稻的胡麻叶斑病；缺钾使水果的果实小，着色不好，不耐贮存；缺钾使纤维作物的纤维变短，烟草的燃烧性差，作物品质严重下降。为此，人们称钾为抗逆元素和品质元素。

通过形态诊断确认作物缺钾时，应及时追施钾肥，如硫酸钾或氯化钾，可以获得较好的效果。对于棉花、甜菜、薯类、麻类和果树等喜钾作物，应特别注意钾的补充，即使无缺钾症状，也应适当施用钾肥，以提高作物的抗病能力和改善产品的品质。

☞ 15. 作物老叶有时出现条纹是缺什么养分的症状？

由于镁是叶绿素的组成成分，所以作物缺镁时通常表现为叶片失绿，一般是叶脉间褪绿，而叶脉仍保持绿色。对于平行叶脉的作物（如玉米）叶片失绿呈条纹状，而网状叶脉的作物，叶片失绿则呈斑点状，这是缺镁的典型症状。如玉米缺镁，下部叶片脉间出现淡黄色条纹，呈现条纹花叶，有时隐约可见念珠状条纹，严重缺镁时脉间组织干枯死亡，呈紫红色的

花斑叶。

防治措施：①施用镁肥。一般大田作物多用硫酸镁作基肥，每亩(667 m^2)用量 10～15 千克；也可用 1%～2%的硫酸镁溶液叶面喷施。②注意钾、镁养分平衡。钾、镁存在较强的拮抗作用，注意钾、镁养分平衡，可防止诱发缺镁。

☞ 16. 甘蓝型油菜出现“花而不实”症是怎么回事？

甘蓝型油菜出现“花而不实”症是土壤缺硼引起的生理病害，因为甘蓝型油菜对硼十分敏感。缺硼会使甘蓝型油菜的花药萎缩，花粉粒发育不正常，花粉萌发和花粉管伸长受阻，从而影响受精，致使荚果不膨大或畸形，荚内胚珠萎缩，不能发育成正常籽粒。因此甘蓝型油菜缺硼时，就会出现“花而不实”症状，角果少且不结籽，对产量影响极大，严重时绝收。

由于硼对作物生殖器官的发育有明显影响，因此，缺硼不仅对油菜有极明显危害，对其他作物也会引起类似的生理病害。如缺硼会引起棉花的“蕾而无花”，花生的“有壳无仁”和春小麦的“不稔症”。此外，甜菜对硼也很敏感，缺硼时，其根部易患心腐病。

防治措施：①土壤施硼。每亩用硼砂 0.5 千克左右为宜，也可与有机肥料或氮、磷、钾化肥混匀条施。②叶面喷硼。浓度为 0.2%硼砂溶液，在幼苗生长后期和抽薹期各喷一次。

☞ 17. 作物新叶上常出现棕色斑点是缺什么养分的症状？

作物新叶上出现棕色斑点大多是缺锰的症状。一般表现为新叶叶色褪绿，脉间黄化，褪绿部分常有褐色斑点或条斑，并可能坏死穿孔。例如，大豆缺锰，心叶呈淡绿色，叶脉保持绿色，严重时老叶易过早脱落，叶面不平滑，皱缩，出现枯焦的褐色斑点。马铃薯缺锰叶片呈浅绿色或黄色，严重时几乎呈黄白色，并沿叶脉出现棕色坏死斑点，症状多发生在叶片背面。

防治措施：①土壤施锰。一般大田作物多用硫酸锰作基肥，每亩用量1千克。②叶面喷锰。可以喷施0.1%～0.2%的硫酸锰溶液；也可以喷施液体微肥，稀释倍数以产品使用说明为准。

☞ 18. 作物缺锌有哪些症状？应怎样防治？

作物缺锌一般表现为新叶脉间褪绿，出现褐斑。某些果树和蔬菜出现“小叶病”是典型的缺锌症状。例如，桃树缺锌的特征是新梢极度缩短，腋芽萌生，形成大量细瘦小枝，枝顶轮生小型黄化畸形叶，密生成簇，又叫簇叶病；苹果树缺锌往往新梢缩短，节密，叶片显著变小，呈丛生状，因此称为小叶病。枣树除病毒病外，缺锌也会形成丛生小叶。

玉米幼苗发生“白苗”病也是缺锌的症状。不同时期的表现不完全相同。玉米苗期缺锌，新叶中下部黄白化形成白苗，又称花白苗；拔节后缺锌，叶片下半部出现黄白条斑，呈半透明，似白绸或塑膜状，风吹易撕裂，称为花叶条纹病或白条干枯病；水稻、蚕豆缺锌也常出现白苗，长成后叶片变黄、变小；番茄、青椒缺锌，植株呈小叶丛生状，新叶上有黄斑。

防治措施:①喷施锌肥。一般果树喷施浓度为0.5%~1.0%硫酸锌溶液,蔬菜喷施浓度可低一点,采用0.1%~0.2%硫酸锌溶液即可,也可以喷施液体微肥。②排除积水。

☞ 19. 大豆根瘤少而小是缺乏什么微量元素?

大豆缺钼时,不仅叶片厚而皱,且叶色发淡,并出现许多细小的灰褐色斑点,叶片边缘向上卷曲,呈杯状,而且根上的根瘤数量少,根瘤也小,发育不良。缺钼的特点和缺硼不同,缺钼虽然也是新生组织比老组织先出现症状,但生长点不易坏死。

防治措施:①施用钼肥。常用的钼肥是钼酸铵。采取拌种、喷施均可,一般每千克种子用2克钼酸铵拌种,喷施浓度为0.005%~0.01%钼酸铵溶液。②钼、磷混用。由于磷能促进作物对钼的吸收,因此,可把钼肥混于磷肥中施用,此法方便有效。③施用石灰。缺钼多发生在酸性土上,酸性土壤施用石灰可降低土壤酸性,从而提高钼的有效性。

☞ 20. 作物缺氯时会出现什么症状?

氯是高等植物生长发育所必需的营养元素之一。氯的生理作用一般可归纳为以下几点:

(1)参与光合作用。在光合作用中,氯作为锰的辅助因子参与水的光解反应。水光解反应是光合作用最初的一个光化学反应。

(2)调节叶片气孔运动。氯对叶片气孔的开张和关闭有调节作用，从而能增强植物的抗旱能力。此外，氯具有束缚水的能力，有助于作物从土壤中吸取更多的水分。

(3)抑制病害发生。施用含氯化肥能抑制多种病害的发生。据报道，目前至少有10种作物，通过增施含氯肥料，使其病害程度明显减轻。例如，冬小麦的条锈病、大麦的根腐病、玉米的茎枯病等。

(4)促进养分吸收。氯的活性很强，非常容易进入植物体，并能促进植物对铵离子和钾离子的吸收。

缺氯的一般症状为植株萎缩，叶片失绿，叶形变小。不同作物缺氯的症状不完全相同。例如，冬小麦缺氯表现为植株叶片发黄，并有许多斑点；莴苣、甘蓝和苜蓿缺氯表现为叶片萎蔫，但根粗短呈棒状，幼叶叶缘上卷呈杯状；棉花缺氯时，叶片凋萎，叶色暗绿，严重时，叶缘干枯、卷曲。

由于氯的来源广泛，仅大气、雨水中所带的氯，就远超过作物每年的需要量，因此在大田生产条件下，极少发生缺氯症。一旦发生缺氯症，施用含氯化肥，如氯化铵、氯化钾，均可使症状消除。

☞ 21. 为什么氯会使某些作物减少产量和降低品质？

氯是植物必需营养元素之一，它在植物体内有多种生理作用。概括起来，主要是少部分氯参与生化反应，而大部分氯以离子状态维持各种生理平衡。当缺氯时，会影响植物生长，但常年施用含氯化肥，土壤中氯离子过多时，对植物也有毒害作用。在许多情况下氯害虽未达到出现可见症状程度，但轻则抑制植物生长，重则减产。这正是滨海盐土上常常发生盐害的原因之一。

由于各种作物对氯的敏感程度不同，糖用甜菜、水稻、小麦、玉米、菠菜和番茄属于对氯不敏感的作物，而烟草、莱豆、马铃薯、柑橘、葡萄、西瓜、莴苣和一些豆科作物则属于对氯敏感的作物，所以易遭受氯的毒害。

因此，对氯敏感的作物，施用氯化铵和氯化钾含氯化肥时，常会影响产品的质量。例如，氯过多会降低烟草的燃烧性，气味不好；氯过多使薯类作物的淀粉含量下降，品质差；氯过多会降低果品的糖分，而酸度较高，使果品风味欠佳等。应当指出，含氯化肥却能提高纤维作物如棉花、亚麻等的品质。

☞ 22. 什么叫有益元素？它是指哪些元素？

目前公认的高等植物的必需营养元素共 16 种。此外，还有几种化学元素对植物增产是有益的，被称为有益元素。有益元素是指能促进植物生长发育和提高作物产量，但并不是所有植物所必需的，或者只是某些植物所必需的元素。常见的有益元素有钠（Na）、硅（Si）、钛（Ti）、硒（Se）、矾（V）和碘（I）等。随着人们对有益元素认识的提高，含有益元素的肥料或制剂在农业生产上已得到应用，并显示出它们在提高作物产量方面的积极作用。

（1）钠肥的施用。由于不同作物对钠的反应有差异，所以在以下 3 种情况下施钠可能得到有益的效果：①对喜钠植物如甜菜、水稻、番茄等作物；②当土壤中有效钾含量低时；③季节性干旱地区，由于土壤缺水，钾的有效性降低时。

(2)硅肥的施用。硅是水稻的必需营养元素，这已成为人们的共识。在高产栽培条件下，硅不仅能使水稻增产，而且对稻谷品质也有重要影响。常用的硅肥是硅酸钙。施硅的效果主要表现在硅能减轻水稻土中锰和铁的毒害；硅能增加叶片直立度，减少相互遮阴，增强抗倒伏性。在其他禾谷类作物上，施用硅肥也有类似的作用。

(3)钛制剂的施用。据试验，喷施3.4%柠檬酸钛水剂在多种大田作物、蔬菜和果树上均有明显的增产效果。粮食作物平均增产10%～20%；蔬菜、瓜果平均增产15%～30%；经济作物平均增产15%～20%，经济效益十分显著。

钛的功效概括起来有几点：①可明显提高叶绿素含量，增强光合作用效率，从而增加干物质积累；②明显提高作物体内多种酶的活性，特别是固氮酶；③能促进根系生长，提高吸收土壤养分的能力；④能增强作物的抗逆能力，如抗病、抗寒、抗旱等；⑤能促进作物早熟。

应该指出，合理施用氮、磷、钾和微量元素肥料对未来农业将会带来新的跃进，但是大力推广应用有益元素肥料或相应的制剂，也是今后发展农业生产不可忽视的新举措。

☞ 23. 为什么氮、磷、钾养分应以根部施肥为主?

作物大多具有庞大的根系，通过根系特别是根尖上密布的根毛可以吸收土壤中的养分，所以根是作物吸收养分的主要器官。但是，作物也可以通过叶片吸收各种养分，叶面施肥也是作物吸收养分的一种方式。

就氮、磷、钾而言，它们是作物需要量比较大的3种大量营养元素。据测定：亩产500千克的水稻，需要从土壤中吸取氮(N)8.5～12.5千克，磷(P_2O_5)4.5～8.5千克，钾(K_2O)10.5～16.5千克；亩产305千克的冬小麦需要从土壤中吸取氮(N)8.4千克，磷(P_2O_5)2.7千克，钾(K_2O)5.7千克；亩产216千克籽棉的棉花需要从土壤中吸取氮(N)10.3千克，磷(P_2O_5)3.5千克，钾(K_2O)16.4千克。

对如此大量的养分，全部用叶面喷施的方式来供给费工费时，也是不可能做到的；叶面喷施要受条件的限制，苗期叶片小，喷施效果差，植株高大封垅后，又不便于喷施；遇烈日和雨天也不适宜喷施。所以，植物需要量大的氮、磷、钾肥均应以根部施肥为主，而叶面喷施只是施肥的一种辅助方式。对于作物需要量少、土壤施肥不易均匀的微量营养元素应提倡叶面喷施。

☞ 24. 为什么叶面喷施微量营养元素的效果好？

与施用氮、磷、钾大量营养元素肥料一样，作物施用微量营养元素肥料一般也有两种方式：即土壤施用固体微肥和叶面喷施液体微肥。但不同的是，由于作物对大量营养元素的需要量大，所以应以土壤施肥为主，通过庞大的根系来吸收；而作物对微量营养元素的需要量少，叶面喷施的效果要比土壤施肥的效果好。据资料，亩产66.7千克皮棉及其茎叶全部营养元素的吸收总量为10.5千克，其中带走的微量元素仅为

54.4 克，其中：铁 28.3 克，锰 4.9 克，锌 14.2 克，铜 2.7 克，硼 3.9 克，钼 0.4 克。亩产 3 333 千克的番茄及其茎叶全部营养元素的吸收总量为 35 千克，其中带走的微量元素仅为 91.9 克，其中：铁 50 克，锰 9.3 克，锌 18.5 克，铜 5.1 克，硼 8.9 克，钼 0.1 克。对如此很少量的养分，只有采用叶面喷施才是最佳的选择。其理由如下：

(1)用量少，比较经济。土壤施用微量元素肥料，一般是作基肥施用，所以用量大，一般亩施 0.5～2.0 千克不等，而叶面喷施微肥，一般浓度很稀，所用肥料则很少，因而叶面喷施微肥比较经济。

(2)避免固定。向土壤施用微肥，由于受土壤条件的影响，会使其有效性降低。例如，在石灰性土壤中，硼能以阴离子的形式被土壤胶体吸附，而降低其有效性；又如，在酸性土壤中，钼也能以离子的形式存在，并被土壤胶体吸附固定，使作物难以吸收利用。而叶面喷施微肥，养分就可以从叶片角质层和气孔进入，不和土壤直接接触，从而避免土壤固定。

(3)养分吸收快、效率高。施入土壤的养分，要通过根系吸收才能进入植物体；而叶面喷施的微肥，能直接与植物茎叶接触，因而吸收和运转都比根部快，利用率也高。

(4)易于控制浓度。由于作物缺乏微量营养元素的浓度与中毒浓度之间的差距很窄，土壤施用微肥用量较大，不易施匀，极易发生局部中毒现象；而叶面喷施微肥，浓度容易控制，比较安全。

(5)减少污染。向土壤施用的微肥，通常用量较大，往往除了一部分被作物吸收外，其余的微肥均残留在土壤中。由于它们多数是重金属元素，如锌、锰、铜等，一旦过量残留于土壤中，就有可能造成污染；而叶面喷施微肥，浓度低，数量少，不会造成土壤污染。

通过以上比较，可以说明叶面喷施微肥具有经济、高效、安全和无污染的特点，它比土壤施用微肥的效果要好得多，成本也低，值得提倡。

☞ 25. 根外追肥用肥少、肥效快，能用它代替根部追肥吗？

作物一方面可以通过根部追肥的方式，由庞大的根系吸收养分；另一方面也可以通过根外追肥的方式，利用叶片吸收养分。

根部追肥和根外追肥各有特点，应根据作物需肥时期、化肥的种类和性质灵活掌握。对于氮肥来说，由于作物需氮量大，应以根部追肥为主，根外追肥为辅，如小麦拔节期、玉米大喇叭口期和棉花花铃期追肥，能及时满足作物对氮素营养的最大需要；对于磷、钾肥来说，由于它的移动性小，一般应作基肥施用，不可能用喷施的方式来代替，但在作物生育后期根系吸肥能力弱，叶面喷施磷酸二氢钾溶液可以及时补充磷、钾养分，有增加粒（铃）重和增加产量的作用。

但是对于微肥来说，根外追肥具有用肥少、见效快、很安全、无污染等优点，它可以弥补作物生育后期根系吸收能力减弱的缺点。因此，它在一定程度上可以代替根部追肥。

☞ 26. 养分的奢侈吸收是怎么回事？它与施肥有什么关系？

养分的奢侈吸收是指作物超出其最佳生长所需量而过多吸收养分的现象。奢侈吸收的养分只能增加作物体内的养分含量，而对产量形成没有任何贡献。在田间条件下，常会发生奢侈吸收的现象。发生这种现象的原因往往是因为一次施入肥料量过多，致使土壤中该养分含量过高，尤其是水溶性的钾肥，易被作物大量吸收。例如，在国营大农场轮作施肥中，一次施入钾肥量过多，使得施入的钾被轮作中的第一茬作物奢侈吸收了；或是在种植牧草的情况下，第一茬牧草吸收大量的钾，在第一次收割时钾大量被带走了，造成奢侈吸收。结果，土壤中只留下少量的钾供后茬利用。养分的奢侈吸收无疑是一种浪费。因此，在施肥时应避免一次施肥量过大，注意养分的平衡供应，避免出现养分的奢侈吸收。

☞ 27. 作物吸收养分有阶段性吗？

在作物一生中，由于各种作物的营养特性不同，吸收养分的具体数量有很大差异。但总的趋势是：生长初期由于体内干物质积累少，因而不但吸收养分的数量少而且养分吸收的强度也很小；到了生长发育旺盛时期，由于体内干物质积累数量增加很快，因而此时作物吸收养分的数量明显增多，往往出现养分吸收高峰，吸收强度也达最大值；接近成熟时，由于根系活力下降，吸收养分的速度逐渐减缓，有时甚至停止吸收某种养分。作物生长发育过程中，这种吸收养分因生育期不同而有明显差异的特点称为作物营养的阶段性。

作物施肥方案就是依据作物的营养阶段性制定出来的，其内容包括：基肥、种肥、追肥3种施肥方式的配合，生育期中进行的分期追肥，不同时期追肥的种类和数量的确定，等等。基肥是为了给作物全生育期有充足的养分打好基础；种肥是专供幼苗吸收的养分，目的是获得苗壮；追肥是为了满足作物生长旺盛时期对养分的需求而采取的措施。应该提醒的是，在实施过程中施肥方案不可能一成不变，而应根据作物当时生长状况、天气变化等作适当的调整。

☞ 28. 什么叫作物的营养临界期？它与施肥有什么关系？

作物在生长发育过程中，常有一个时期，对某种养分的要求在绝对数量上并不多，但需要的程度却很迫切。此时如缺乏这种养分，作物生长发育就会受到明显的影响，而且由此所造成的损失，即使在以后补施这种养分也很难恢复或弥补。这一时期就叫做作物的营养临界期。

同一种作物，对不同种类的养分来说，其临界期也不完全相同。大多数作物，磷的临界期都在幼苗期。例如，棉花一般在出苗后10～20天，玉米在三叶期。作物幼苗期正是由种子营养转向土壤营养的转折时期，此时作物种子中所贮藏的磷已近于用尽，而根系还很弱小，它既与土壤接触面很小，又表现为吸收能力差。从磷的作用和它在土壤中的变化特点来看，磷对促进根系发育有明显的作用，苗期需磷迫切是扎根的需要。由于土壤中有效磷一般含量不高，而且移动性差，所以苗期需磷十分迫切。在农业实践中，采用少量速效性磷肥作种肥，常能收到极其明显的增产效果。

氮的临界期，一般比磷晚些，往往是在营养生长转向生殖生长的时候，例如冬小麦是在分蘖和幼穗分化两个时期。生长后期补施氮，只能增加茎叶中氮素含量，对增加穗粒数或产量已不可能有明显作用。棉花氮的临界期是在现蕾初期，如此时缺氮，花蕾少且易脱落，对提高产量有不利的影响。有关钾的临界期问题，试验资料很少。有资料认为，水稻钾的临界期在分蘖期和幼穗分化期。

生产上常用施种肥的方式来解决作物营养临界期对养分的需要，一般每亩用 10 千克磷酸二铵与种子同时施入，可以满足作物苗期营养的需要，特别是在贫瘠土壤上种肥的效果最明显。

☞ 29. 什么叫作物营养的最大效率期？它与合理施肥有什么关系？

在作物生长过程中，还有一个时期，作物需要的养分，其特点是吸收速度最快，绝对数量最多，这时肥料的作用最明显，增产效率也最高。这一时期叫做作物营养的最大效率期。

肥料最大效率期往往是在作物生长的中期。此时作物生长旺盛，吸收养分能力最强，从外部形态看，生长迅速。但是，各种营养元素的最大效率期是不一致的，如甘薯生长初期，氮素营养效果较好，而块根膨大时，则磷、钾营养的效果较好。以氮素来讲，各种作物的情况又有所不同。例如，玉米的氮肥最大效率期在大喇叭口到抽雄初期，冬小麦在拔节到抽穗期，棉花在开花结铃期。

农业生产上，根据作物营养最大效率期的特点，常采取适时追肥的方式，以满足作物对养分的最大需要，促进增产。所以，在作物营养最大效率期追肥可获得最佳施肥效果。

☞ 30. 作物发生病害与植物营养有关吗？

合理施肥可以使作物得到充足的营养，生长健壮，最终能够获得高产。但是过多的施用氮肥也会使作物的抗逆性降低，病虫危害严重，致使作物减产的例子并不少见。

大量施用氮肥常使细胞增长过大，细胞壁变薄，汁液多，植株柔软，易受病虫侵袭。过量施用氮肥能诱发各种真菌病害，如大麦褐锈病、水稻褐斑病以及小麦赤霉病等。这些病害在磷、钾用量低时更为严重。

与氮相反，增施钾肥能提高作物的抗病性，特别是对真菌和细菌病害的抗性。这是因为钾既能使细胞壁增厚，阻止或减少病原菌的入侵；钾又能促进作物体内游离的氨基酸、单糖等低分子化合物转变为蛋白质、纤维素和淀粉等高分子的物质。由于可溶性养分减少，可抑制病菌滋生。许多资料表明，充足的钾营养可降低水稻的稻瘟病、赤枯病、纹枯病，玉米的茎枯病、黑粉病，麦类的赤霉病、白粉病和烟草的花叶病的发病率和减轻危害。

综上所述，施肥与作物病害的发生有着密切的关系，但对于蔬菜和果树来说，养分缺乏特别是养分不平衡同样也会降低其抗病性，加重病害程度，从而导致减产。因此，注重合理施肥，实行平衡施肥对增强作物抗病性和减轻病害发生具有十分重要的意义。

☞ 31. 大田作物的营养特性与施肥特点是什么？

禾谷类作物如小麦、玉米、水稻、谷子、高粱等，他们对氮、磷肥的反应都较好。因此，增施氮、磷肥增产效果明显。

经济作物如棉花、烟草等，它们对养分的需要量比禾谷类作物多。它们对磷、钾肥料的反应很敏感。在适施氮肥的基础上施用磷、钾肥能明显提高产量和改善产品品质。

豆科作物如大豆、花生、豆科绿肥等，因为它们有与其共生的根瘤菌，能提供一定数量的氮源，在施肥上应适当减少氮肥用量，增加磷、钾肥数量，实行平衡施肥。

☞ 32. 蔬菜的营养特性与施肥的关系是什么？

一般蔬菜的营养特性有以下几点：

(1)养分需要量大。多数蔬菜由于生育期较短，一年复种数茬，每公顷年产商品菜数量相当可观，从土壤中带走的养分相当多。为此，蔬菜每公顷的需肥量比粮食作物多得多。

(2)带走的养分多。蔬菜属收获期养分非转移型作物，茎叶与可食器官之间的养分含量相差小。蔬菜茎叶中的养分含量一直处于较高水平，使其能适应菜地的高肥沃度，同时需要较高的施肥水平。

(3)对某些养分有特殊需求。蔬菜喜硝态氮,对钾和钙的需求量大,对缺硼和缺钼比较敏感。

具体来说,不同类蔬菜又有其各自的营养特点:叶菜类需氮多,根菜类需磷、钾多,果菜类需氮、磷多。此外,由于蔬菜作物的单产高,吸肥量大,经济效益高,因而投肥也比大田多得多。

☞ 33. 果树营养与施肥有哪些特点?

果树与大田作物和蔬菜作物不同,为多年生木本植物,生长周期长。在其整个生命周期中,各种果树都经历生长、结果、更新和衰老的变化过程。而在年周期中则有萌芽、抽梢、开花、结果、成熟和休眠等不同物候期。在不同生育期中,各种果树的营养特点不相同,但与大田作物和蔬菜作物相比,果树在营养上具有如下一些特点:

(1)吸取养分量大。为了满足其地上和地下部分生长发育以及年年提供大量果品的需要,果树每年都要从土壤中吸取大量的营养物质,尤其是成年果树吸收量更大。

(2)持续消耗养分。果树生长周期长,一般同一植株在同一地块上要持续生长几十年。由于果树有位置固定、连续吸收养分的特点,往往会使土壤中某些营养元素过度消耗。因此,必须通过施肥及时给予补充。否则会出现某些微量元素(如铁、硼、锌)的缺乏症而影响果品产量和品质。此外,果园除注意适当施用大量元素肥料外,还应针对具体土壤的农化特性和果树树种对微量元素的反应,施用相应的微量元素肥料。

(3)需要冬前贮备养分。果树树体大,在其根、枝、干内,贮藏大量营养物质,除碳水化合物外,还有含氮化合物和多种矿质元素。果树早春萌芽、开花和生长,主要消耗树体贮存的养分。因此,在果实采收后至落叶前,一般应早施基肥,以有机肥料为主,配合施用部分氮、磷、钾化肥,使树体内贮存丰富的养分,供来年早春使用,对提高开花和坐果率,促进枝条健壮生长、果实膨大和增产均有一定作用。果树早施基肥还有利于促进花芽分化,克服果树大小年结果现象。

(4)吸收深层养分能力强。果树施肥必须注意这一特点。同时,果树根系发达,入土很深,吸肥能力强,对外界环境条件的适应性比大田作物和蔬菜作物强。尤其是成年果树,可从下层土壤中吸收某些养分,以补充上层土壤中养分的不足。果树施肥时不仅要考虑表层土壤,更要考虑根系大量分布层的土壤营养状况,把肥料施到一定深度,特别是移动性小的磷、钾肥料更应该深施,以利于根系吸收和提高肥料的增产效率。

(5)树体营养差异大。果树一般是利用嫁接方式繁殖的,砧木不同,从土壤内吸收营养元素的能力不同;接穗品种不同,需肥情况也有差异。

(6)具有年周期的营养特点。果树是多年生作物,其年周期的营养特点是:生长初期(萌芽、开花和枝叶迅速生长期)需氮最多,以后需要量开始下降,至果实采收后仍需一定量的氮素;磷的含量在生长期内有所增加,但直到后期需要量变化不大;钾在生长初期含量较多,生长中期为吸钾高峰。

二、土壤性质与合理施肥

☞ 1. 应怎样评价土壤肥力？它对合理施肥有什么指导意义？

植物生长的土壤因素大致包括土壤水分、土壤养分、土壤空气和土壤热量等。这些因素又称为土壤肥力因素。土壤肥力或称土壤肥沃度，就是指土壤能够不断提供和协调作物对水、肥、气、热要求的能力。各种肥力因素之间是互相影响，密不可分的。所以，土壤肥力是各种肥力因素的综合表现，是决定作物产量的重要因素之一。它也是土壤区别于岩石的本质特征。

土壤肥力是不断发生变化的，它可以变好也可以变坏，可以提高也可以衰退。各地高产稳产农田的建成是土壤肥力不断提高的例证；而土壤沙化和贫瘠化都是不重视培肥土壤、提高土壤肥力的结果。

要按照土壤发生发展规律，科学地利用土壤和管理土壤，特别是因土种植和因土施肥，其中包括不同作物的轮作、倒茬和合理施用有机肥料、化学肥料，才能使土地越种越肥，实现高产稳产。

☞ 2. 土壤中养分的总量并不少，为什么不能满足作物的需要？

解释这个问题应从土壤中养分的形态入手。土壤中养分存在的形态是多种多样的，通常按养分对植物的有效性分为5种：

(1)水溶态养分：凡是能溶于水的养分，都属于水溶态养分。它们存在于土壤溶液中。水溶态养分对植物高度有效，易被吸收。它包括大部分无机盐类的离子和一些分子量小、结构简单的有机化合物(如糖和氨基酸等)。水溶态养分来自土壤矿物的风化和有机残体的分解，也来自所施用的各种化学肥料。

(2)交换态养分：它是被带负电荷的土壤胶粒吸附的那部分阳离子。由于它们经常与溶液中的阳离子发生交换反应，所以称为交换态养分。水溶态养分与交换态养分经常处于动态平衡之中，所以这两部分养分很难截然分开，同时它们都是作物立即可以吸收的形态，所以两者之和统称为速效性养分。

(3)缓效态养分：既不溶于水，也不能被其他阳离子交换出来的非速效性的养分，称可缓效态养分。但它们又不同于迟效性养分。主要是指一些矿物中较易释放的那部分养分，如黏土矿物晶格所固定的钾离子和一些矿物中的钾。这部分养分虽不能立即被作物吸收，但却是速效性养分的贮备，所以其有效性介于速效态与迟效态养分之间。

(4)难溶态养分：它是矿物中不易释放的养分，植物根系所分泌的弱酸同样也不能使之溶解,故称为难溶态养分,例如,磷灰石中的磷、长石中的钾以及矿物中的某些微量元素等。土壤中矿物态养分的绝大部分是难溶态的,只有经过长期的风化作用,才可能释放出来供作物吸收利用。

(5)有机态养分:它是指土壤有机质或微生物躯体所含的养分。这些养分不能直接供植物吸收利用,属难溶性养分的范畴。它只有分解后才能释放出养分,但它比难溶性矿质养分容易释放。

综上所述,土壤中水溶态养分和交换态养分虽能被植物直接吸收利用,但遗憾的是它们的数量极其有限;而缓效态、难溶态和有机态养分却占土壤养分的绝大部分。这些形态的养分都是植物不能直接吸收利用的,需经过转化或微生物分解才能被植物吸收利用。比如,土壤中有机态氮素占全氮的98%～99%,而无机态氮只占全氮的1%～2%;土壤中的磷与氮不同,虽以无机态磷为主,占全磷的75%～90%,但其中难溶性磷酸盐却占主要部分;占全钾量的90%以上的矿物态钾是土壤钾的主体,也是植物不能直接吸收利用的,只有不足10%的钾能被植物直接吸收利用。这就是土壤中养分总量并不少,却不能满足作物需要的原因。要想获得作物高产,只有合理施肥才是最佳选择。

☞ 3. 速效性养分的概念是什么?它在土壤中会发生变化吗?

速效性养分是指土壤中水溶态养分和交换态养分的总

和。它的特点是，能够直接被作物吸收利用，是作物获得高产的保证。遗憾的是土壤中速效性养分的数量很少，难以满足作物的需要。因为土壤中绝大多数养分都是作物不能直接被吸收的养分。或者说，大多数养分都是以作物不能直接吸收利用的形态存在，必须经过转化或分解才能被利用。就好像仓库里有很多原粮，但不能直接食用，只有经过加工，并做成食品才能吃一样。

应该指出的是，土壤有机态养分的转化要靠多种土壤微生物进行分解，使有机态氮素转变为铵态氮素或硝态氮素，才能被作物直接吸收利用。速效性养分在土壤中又容易发生变化，转变成作物不能直接吸收利用的养分，也就是说，养分的形态变了，养分就失去了有效性。通常土壤中速效性养分的含量都比较低，必须通过人为施肥来调节，才能满足作物对养分的需要。

☞ 4. 土壤有机质有什么作用？它与施用化肥有什么关系？

农田耕层土壤有机质含量和分布，除表现出地带性特点外，还与其利用情况有关。例如同一地区，土壤有机质含量就存在菜地和高产田高于一般大田、水田高于旱地的趋势。以华北地区为例，大多数农田耕层土壤有机质含量为1%～2%，很少超过3%的，一般高于华南地区而低于华北地区。

土壤中有机质的含量虽少，但对土壤性状和植物生长的影响却很大，主要表现在以下3个方面：

(1)是植物养分的重要来源。土壤有机质分解以后可为植物提供各种养分,特别是氮素。因为土壤矿物质一般不含氮素,除施入的氮肥外,土壤氮素的主要来源就是有机质分解后提供的。土壤有机质分解所产生的二氧化碳,可以供给绿色植物进行光合作用的需要。此外,有机质也是土壤中磷、硫、钙、镁以及微量元素的重要来源。所以有机质多的土壤,养分含量也就多。

(2)提高土壤的保蓄性和缓冲性。土壤有机质中的有机胶体带有大量负电荷,能吸附大量的阳离子和水分,其阳离子交换量和吸水率比黏粒要大几倍甚至几十倍,所以它能提高土壤保肥、蓄水的能力。同时也能提高土壤对酸碱的缓冲性。

(3)改善土壤物理性质。土壤有机质的黏性远远小于黏粒的黏性,只是黏粒的几分之一。一方面,它能降低黏性土的黏性,减少耕作阻力,提高耕作质量;另一方面它可以提高沙土的团聚性,改善其过分松散的状态。土壤有机胶体是形成水稳性团粒结构不可缺少的胶结物质,所以有助于沙性土形成良好的结构,从而改变了土壤孔隙状况和水、气比例。此外,由于有机质色暗,有利于吸热,可以提高地温。

根据土壤有机质的这些重要性质和作用,不难看出,土壤有机质含量多的土壤,其土壤肥力水平较高,不仅能为作物生长提供较丰富的营养,而且土壤保水保肥能力强,能减少养分的流失,节约化肥用量,提高肥料利用率。有机质含量较少的土壤,情况则相反。因此,应该千方百计地增施有机肥料,提高土壤有机质的含量,这样才能充分发挥化肥的增产效益。

☞ 5. 哪些土壤和作物容易缺铜?

由于有机质对铜有强烈的吸附能力，并明显降低铜的有效性，所以有机质含量高的土壤往往容易缺铜，如泥炭土、沼泽土和腐殖土常发生缺铜现象就是典型的例子。此外，土壤温度、pH 值、氧化还原电位及气候条件等，也是影响其有效性的因素。

各种作物对铜的敏感性差异很大，如禾谷类作物大多对缺铜极为敏感；玉米、甜菜、花椰菜和结球甘蓝等属中等敏感；豆类作物大多不敏感。小麦缺铜的症状是分蘖增多，麦穗发育迟缓，包裹在叶鞘内，抽穗困难，结实也差，有的甚至不抽穗，产量极低；果树缺铜时发生顶枯，俗称顶枯病。

防治措施：①叶面喷施。叶面喷施 0.1%～0.4%硫酸铜溶液，可连续喷几次。②浸种。小麦浸种采用为 0.01%～0.05% 硫酸铜溶液。③拌种。玉米拌种时每千克种子可以用 0.5～1.0 克硫酸铜，加少量水与种子拌和晾干后备用。

☞ 6. 沙性土有什么特点? 施肥时应掌握什么原则?

由于沙性土的沙粒含量多，粒间大孔隙数量多，比表面积小，因而它具有以下特点：

(1)通透性好。由于沙性土通透性好，不易受涝；便于耕作，耕作阻力小，能耗低；宜耕期长，耕后质量较好，不易形成土块和坷垃。

(2)养分含量低，保肥性差。沙性土中的沙粒含量占绝对优势，含石英的比例很大，因而作物所需的营养元素如氮、磷、钾、钙、镁、铁等，比较贫乏。沙性土保水、保肥性差，特别是灌溉和施用化肥不当时，易出现漏水、漏肥现象，沙性土也不利于土壤有机质的积累。所以这种质地的土壤，一般缺乏有机质，养分含量少。

(3)土温变化快，温差大。土体中常常水少、气多，白天表土温度上升快，故有"热性土"之称；而夜间却容易散热降温，所以昼夜温差大。这有利于块根块茎作物生长和碳水化合物的累积。在北方地区早春土温回升快，将有利于冬小麦返青和棉花、花生等作物生长。但在晚秋，因土温下降快，则对冬作物生长不利。

(4)后期易出现早衰。由于沙性土养分含量低，保肥能力差，往往在作物生育后期养分供应不足，而使作物出现早衰现象，从而导致低产。

施肥对策：①增施有机肥料，以提高土壤有机质的含量。②宜施用牛粪等冷性肥料或半腐熟的有机肥料作基肥，提高土壤保蓄能力。③追肥要掌握"少量多次"的原则，减少养分损失，提高肥料利用率。④作物生长后期必须及时补追氮肥，防止作物因早衰而减产。此外，根据天气状况适时灌溉也十分重要。

☞ 7. 黏性土有什么特点？应怎样合理施肥？

黏性土与沙性土相比，有以下几个特点：

(1)通透性差，保水能力强。由于黏性土中黏粒含量所占的比例很大，颗粒细，颗粒间的细孔隙多，粗孔隙少，因此，通气透水性差，而保水能力强。

(2)养分含量多，但转化慢。因黏性土的土粒较细，各种矿质养分含量较多，其比表面积大，表面能强，吸收、吸附性及保肥能力也强。由于通气性较差，有利于有机质的积累。

(3)土温变化慢，温差小。由于这类土壤的保水性强，土壤中水多、气少，其表土不易升温，故有“冷性土”之称。这种土壤通气性差，易缺氧，因而容易产生如硫化氢、甲烷等还原性物质，对作物根系有毒害作用。

(4)耕性不良。随着土壤中黏粒含量的增多，黏粒性状明显增强，如黏结性、黏着性和可塑性愈来愈强，因此，耕作阻力很大，能耗也多；耕后质量不好。由于耕作质量差，容易造成出苗参差不齐，甚至有缺苗断垄现象，小苗生长缓慢。但只要保住苗，到中后期雨水充足，温度适宜，土壤养分释放加速，这时春作物便可顺利生长，秆粗粒饱，产量高。一般适宜种植耐水耐肥作物，如小麦、玉米、水稻等。黏性土前期抓好保苗，后期防止贪青倒伏是夺取作物高产的关键。

施肥对策：①宜用马粪、羊粪一类热性肥料作基肥，以增加土壤有机质的含量。②苗期必须控制氮肥用量，不宜过多，以免旺长，给倒伏留下隐患。③作物生长后期，追施氮肥不宜过多、过晚，否则易造成作物贪青晚熟，甚至倒伏减产。

☞ 8. 为什么黏性土速效钾含量比沙性土高，而施钾量却比沙性土多？

首先要弄清两个事实：一是由于黏性土与沙性土所含黏

高效。

☞ 10. 土壤酸碱性与合理施肥有什么关系？

土壤酸碱性常用 pH 值来表示，它是指土壤的酸碱程度。土壤酸碱性共分为 7 级，分级指标见表 2-1。

表 2-1 土壤酸碱性分级指标

pH 值	反应强度
<4.5	酸性极强
4.5～5.5	强酸性
5.5～6.5	酸性
6.5～7.5	中性
7.5～8.5	碱性
8.5～9.5	强碱性
>9.5	碱性极强

一般北方的土壤为中性或碱性反应，pH 值在 7.0～8.5 之间，而南方的红壤、黄壤等多表现为酸性反应，pH 值一般在 5.0～6.5 之间，个别的土壤甚至 pH 值<4。

土壤酸碱性是影响土壤养分有效性的重要因素之一。大多数养分在 pH 值 6.5～7.0 时有效性最高或接近最高。就磷来讲，如土壤 pH 值<5 时，土壤中活性铁、铝较多，常与磷肥中水溶性磷酸盐形成溶解度很小的磷酸铁、磷酸铝盐类，从而降低其有效性；而 pH 值>7 时，水溶性磷酸盐易与土壤中游离的钙离子作用，生成磷酸钙盐，使其有效性大大降低。又如，在石灰性土壤 pH 值>7.5 的条件下，由于铁形成了氢氧化铁沉淀，使作物因铁的有效性降低而出现缺铁。铁盐的溶解度随酸度增加(pH 值 5～7.5)而提高。在强酸性(pH 值<5)土壤中,由于游离铁的数量很高而常使作物受害。总之,土壤的 pH 值不同,土壤中某些养分的形态就会发生变化,养分的有效性也就会产生差异。最终会反映在作物对养分的吸收上。因此,了解土壤酸碱性与养分有效性的关系,对指导施肥很有帮助。

此外,也可以通过调节土壤酸碱性来控制土壤养分的有效性。在改良强酸性土壤时,通常需施用石灰。石灰需要量是根据潜在酸的含量换算成每亩所需施用石灰的数量。一般强酸性土壤每亩要施用石灰几十千克至几百千克,每隔几年施用一次。在改良强碱性(pH 值>9)土壤时,一般采用施用石膏的办法。

☞ 11. 土壤缓冲性是怎么回事？它与施肥有什么关系？

当酸性或碱性物质进入土壤时,土壤溶液的 pH 值并不表现出明显或剧烈的变化,这种性能就称为土壤缓冲性。土壤之所以具有缓冲性是由于土壤中存在着多种缓冲系统,其中真正制约土壤缓冲性能的是土壤中的交换性阳离子。无论是酸性或是碱性物质的干扰,均可通过阳离子交换反应使土壤溶液的 pH 值不发生明显的变化。

应当强调指出,缓冲容量大小与阳离子交换量,尤其是与土壤中有机质含量和黏粒的多少密切有关。由此可见,施用有机肥料,增加土壤有机质含量是增强土壤缓冲能力的重要而有效的措施。

正是由于土壤有一定的缓冲性能，才避免了如有机质分解、微生物活动、施用酸性（或碱性）肥料以及排放污物等引起土壤 pH 值的巨大变化。对于施肥来讲，由于土壤阳离子交换量的增加，使得土壤缓冲容量也相应增加，因而施用酸性或碱性肥料后，也能使土壤保持着多种作物可以正常生长的适宜的酸碱条件。

☞ 12. 土壤通气性与合理施肥有什么关系？

土壤通气性除对作物种子萌发和根系生长有明显的影响外，还对土壤微生物的活性和养分的转化产生影响。当土壤空气中缺氧时，释放的速效性养分有限，硝化细菌不能活动，还可能引发反硝化作用，使氮素损失。在缺氧条件下，只有固氮能力很弱的嫌气性固氮菌活动，而固氮能力很强的根瘤菌和好气性自生固氮菌的活动则受到抑制。

土壤通气性还会影响氧化还原状况。土壤中某些营养元素如氮、硫、铁、锰、磷等，在土壤通气性良好时呈氧化态，而在通气不良时则呈还原态。若土壤通气不良，还原状态过强，硝态氮的含量急剧下降。例如，水田淹水时，铵态氮在氧化层被氧化为硝态氮，随水下渗至还原层后，可被还原成游离氮或氧化氮而逸失。此外，通气不良会产生过多的还原性物质如硫化氢等，对作物根系有毒害作用。

凡是影响土壤孔隙状况的因素如土壤质地、结构、有机质含量、松紧状况以及土壤水分含量等都能影响土壤通气性。

所以农业生产中常采用增加有机质含量、促进良好结构的形成，以及适当深翻、中耕松土、排水落干等措施，来调节土壤通气性和改善土壤空气状况。

一般来讲，对通气性良好而保肥性能较差的沙性土，基肥可多施用一些如牛粪一类的冷性肥料或腐熟程度较差的有机肥料，追施氮素应掌握“少量多次”原则，以减少养分损失，提高肥料利用率，后期要适当补施氮肥，防止作物因早衰而减产；对于通气性较差而保肥性能良好的黏性土，基肥可施用马粪一类的热性肥料或腐熟程度较好的有机肥料，后期氮素追肥不宜过多、过晚，以免作物贪青晚熟或倒伏减产。

☞ 13. 连年施用化肥，土壤会不会板结？

不少人常常担心，连年施用化肥，土壤会板结。不少宣传材料也多有误导。土壤板结是20世纪50年代初期发生过的事，尤其是含有机质少的低产田比较突出。原因很简单，那是因为当时国产化肥很少，进口的氮肥主要是硫酸铵。当硫酸铵施入土壤后，铵离子便把土壤胶粒上吸附的钙离子交换下来了，而钙离子与硫酸根离子结合就形成不溶性的硫酸钙。长此下去，由于硫酸钙沉积在土壤中，逐渐堵塞土壤孔隙；再加上土壤中有机质含量少，土壤本身就不疏松，因而使土壤发生板结。

现在氮肥品种有了更新，已不再是单一的硫酸铵，而主要品种是碳酸氢铵和尿素，这两种化肥，本身不含副成分，它们施入土壤后，不给土壤留下任何残留物，就不会出现堵塞土壤孔隙而造成板结的问题。

目前,在贯彻中国肥料技术政策的前提下,走有机肥与化肥配合施用的道路,许多情况已发生了变化,因此这种担心就不必要了。在一般情况下,施用化肥不会造成土壤板结。其原因是:

(1)由于有机肥料的合理利用,虽然每亩用量不多,但对改善土壤性状,增强保水、保肥能力发挥了一定的作用;

(2)作物秸秆直接还田或秸秆覆盖的土壤有机质,在克服土壤板结问题上发挥了积极作用;

(3)在提高单产的同时,作物根茬残留量也相应地增多了,它对熟化土壤、消除板结也有不可忽视的作用。

因此,可以得出这样的结论:只要注意有机肥与化肥配合施用,即使化肥用量增多,也不会出现土壤板结问题。相反,将会使土壤肥力不断提高,为作物丰产提供良好的条件。

☞ 14."化肥施多了,地变'馋'了"这话对吗?

有些农民反映,化肥施多了,地变"馋"了。意思是说,头一两年增施氮肥,能明显多打粮食,往后如果还施那么多氮肥,增产的粮食就减少了,往往只有提高施肥量,才能维持原来的产量水平或略有提高。细想起来,这话有一定的道理,但绝不是地变"馋"了,而是养分不平衡、施肥不当造成的。

许多农民只知道每年增加氮肥用量才能增加产量,而不知道养分平衡才能提高肥效的道理,却误认为化肥施多了,地变"馋"了。实质上,这是片面地增加一种化肥而忽视多种养分平衡供应造成的后果。在供磷不足的情况下，偏施氮肥，氮、磷养分不平衡，作物不能充分地吸收氮素，氮肥的利用率下降，因而出现增氮不增产或者增产不增收的局面。

应该说，“化肥施多了，地变‘馋’了”的说法是一种误解。偏施氮肥的做法自然是不科学的。正确的做法是在提高施肥水平的同时，重视养分的平衡供应，走平衡施肥的道路，这才是解决问题的关键。

☞ 15. 华北地区土壤全氮含量是怎样分级的？它与施用氮肥有什么关系？

土壤中的氮素可分为有机态和无机态两大部分，二者之和称为全氮。有机态氮是土壤氮素的主体，其含量占全氮量的98％左右。虽然植物能够吸收某些简单的有机态氮，但主要还是吸收无机态氮。绝大部分有机态氮必须经过土壤微生物分解，转化为无机态氮后才能被植物大量吸收利用。土壤无机态氮主要包括铵态氮和硝态氮，植物能直接吸收利用，但是一般土壤中它们的含量极低，仅占全氮量的1％～2％。土壤全氮含量可代表土壤潜在供氮水平，是评价土壤基本肥力和合理施肥的科学依据。华北地区土壤全氮分级指标大致是：＜0.05％为低水平；0.05％～0.08％为中等水平；＞0.08％为高水平。

据有关资料，全氮水平高的土壤，土壤供氮能力较强。因此，作物对土壤养分的依赖率高，应酌情减少氮肥用量；相反，全氮水平低的土壤，土壤供氮能力相对较差，因此，作物对肥料养分的依赖率高，应适当增施氮肥，才能获得较高的产量。

☞ 16. 怎样根据土壤有效磷的含量合理施用磷肥？

土壤有效磷的含量往往是判断土壤肥力高低的一项重要指标，它反映了该土壤供磷能力的大小，了解土壤有效磷的含量对指导磷肥施用有重要意义。

由于我国南方是酸性土壤，而北方是偏碱性的石灰性土壤，因而测定有效磷的方法不相同，其标准自然也就不一样了。酸性土壤有效磷(P)的标准(毫克/千克)是：0～15 为低；16～30 为中等；>30 为高。石灰性土壤有效磷(P)的标准(毫克/千克)是：<6 为低；6～10 为中等；>10 为高。

当土壤有效磷含量低时，表示土壤缺磷或严重缺磷，增施磷肥有明显或极明显的效果；当土壤有效磷为中等时，说明施磷肥有一定的效果；当土壤有效磷含量高时，表明土壤含磷丰富，施磷肥的效果往往不明显。但是对于高产田来说，土壤有效磷含量虽高，还应考虑到养分平衡的原则，因此适当施用少量磷肥也是必要的。

应当指出：①土壤有效磷的含量明显受施磷肥情况的影响，随着每年施用大量磷肥，土壤有效磷含量会逐步提高。因此，应随着土壤速效磷含量的变化对磷肥用量进行适当调整。②实践证明，氮、磷配合施用有利于作物增产。可见，只施磷肥或偏施氮肥都是不对的，应树立起养分平衡的观念。

☞ 17. 为什么在缺磷的土壤上施用磷酸二铵，效果一年不如一年？

磷酸二铵是一种含氮(N)18%、含磷(P_2O_5)46%的二元复合肥料。如果用于缺磷的土壤，第一年玉米增产效果极其显著。其主要原因是这种高磷低氮的复合肥解决了土壤供磷不足与玉米需磷较多的矛盾，所以有显著的增产效果。但是第二年仍然只施同样数量的磷酸二铵效果就不如第一年的效果好。这是因为土壤缺磷的主要矛盾解决了，而氮素不足又成为影响玉米高产的限制因素。这样下去连年施用磷酸二铵，效果自然一年不如一年。总结教训一句话，就是没有按平衡施肥办事。

☞ 18. 怎样根据土壤速效钾和缓效钾的含量合理施用钾肥？

在一般情况下，人们用土壤速效钾的含量来衡量土壤的供钾能力。但是，必须注意到，速效钾含量较低的土壤，其缓效钾有一定的供钾能力。因为，缓效钾是速效钾的直接补给者，它们之间存在动态平衡。因此，判断土壤供钾能力应综合考虑土壤速效钾和土壤缓效钾两项指标。

土壤速效钾(K)含量的丰缺标准(毫克/千克)是：<30 为极低；30～60 为低；60～100 为中等；100～160 为高；>160 为极高。土壤缓效钾含量的丰缺标准(毫克/千克)是：<300 为低；300～600 为中等；>600 为高。

合理施用钾肥应以上述指标为依据。如果土壤速效钾含量低，而缓效钾含量较高时，土壤的供钾能力并不一定很低，施用钾肥往往效果不明显。只有土壤速效钾和缓效钾含量都低的情况下，施用钾肥的效果才十分显著。当然，土壤速效钾含量达到高或极高时，一般就没有必要施钾肥了，因为土壤中的钾已能满足作物的需要。

应当指出：①钾肥的肥效一定要在满足作物氮、磷营养的基础上才能显现出来。②土壤速效钾的丰缺标准会随着作物产量的提高和氮、磷化肥用量的增加而变化，例如，原来不缺钾的土壤，这几年施钾也有效了。③我国钾肥资源紧缺，多年来依靠进口，因此有限的钾肥应优先分配在缺钾土壤和喜钾作物上。

☞ 19.“北方石灰性土壤不需要施用钾肥”的观点对吗？

早在20世纪70年代，我国南方各省陆续出现作物缺钾症状，经测定是土壤缺钾，在施用氮、磷化肥的基础上，增施适量钾肥，在多种作物上均取得了明显的增产效果。而当时北方石灰性土壤，由于土壤速效钾含量较为丰富，并未发现作物缺钾症状，因此有人认为北方石灰性土壤不需要施用钾肥。用这种观点说明过去是正确的，但要说明现在和将来就未必正确了。

这种观点说明过去为什么是正确的呢？这是因为南方酸性土中的黏土矿物，基本上不固定钾，也没有钾向外释放，因而土壤容易缺钾，加之南方降水量充足，矿物风化较快，土壤养分容易流失，因此南方土壤速效钾含量很低，多数在30～60毫克/千克；而北方石灰性土壤中的黏土矿物，固钾能力强，所固定的钾在一定的条件下会释放出来，加之北方雨水较少，土壤中的钾不易流失，所以北方土壤速效钾含量较为丰富，一般都在100毫克/千克左右，因此那时作物很少出现缺钾现象。

为什么用这种观点说明现在和将来就不正确呢？这是因为：①随着作物单产水平逐渐提高，从土壤中带走的钾也相应地增多。②氮、磷化肥的施用量逐年增多，氮、磷、钾养分之间失去平衡。③有机肥料投入减少，致使钾的补充来源受到限制。因此，北方不少石灰性土壤过去含钾丰富的农田，现在施钾肥也显效了，特别是高产田钾肥的效果更为突出。从发展的观点看问题，今后北方土壤施用钾肥的面积将会扩大。应该说："北方土壤不缺钾"的观点已经过时了。

只有根据变化了的新情况，按照土壤的供钾能力和作物的需钾特性科学地施用钾肥，才能发挥出更大的增产作用。这是北方农民值得重视的问题。

☞ 20. 酸性土壤都要施用石灰肥料吗？

一般北方土壤为中性或微碱性反应，pH值在7.0～8.5之间，而南方土壤如红壤、黄壤等多表现为酸性，pH值一般在5.0～6.5之间，个别的土壤甚至pH值<4。

施用石灰是改良酸性土壤的重要措施。它的目的是中和土壤酸性和消除铝毒，兼有改善作物钙、镁营养状况的作用。应该指出，用石灰中和土壤的酸性时，并不需要把土壤酸度调节到中性，实际上，弱酸性反应才是作物最适宜的 pH 值范围。由此可见，施用石灰的对象是那些强酸性土壤，而不是所有酸性土壤都需要施用石灰肥料。

据研究，pH 值 5.5 以下的稻田土壤，每亩施石灰 30～50 千克可以明显增产，而 pH 值＞5.6 的稻田土壤施用石灰就没有明显效果，因而不必要施用石灰。

☞ 21. 碱土为什么要施用石膏?

首先说明，只是 pH 值大于 7 的碱性土壤不是碱土，例如，北方大面积石灰性土壤 pH 值都在 7 以上，但它不属于碱土。只有土壤交换性钠超过 5%、pH 值达到 9 以上的才属于碱土的范畴。

一般常用溶液中的碳酸根和重碳酸根的含量来表示土壤的碱度；用交换性钠占阳离子总量的百分比来表示土壤碱性的强弱。当交换性钠超过 5%以后，土壤就开始表现出碱土的性质，这时土壤的物理性质即开始恶化。当交换性钠超过 15%时，土壤就相当明显地出现碱土的不良性状。如在东北、华北和西北干旱地区有零星分布的碱土，其特点是 pH 值很高，一般可达 9 以上，土壤质地黏重，通气性差，严重影响作物生长。

施用石膏可以改良碱土。因为，石膏的主要成分是硫酸钙，可与土壤溶液中的碳酸钠和重碳酸钠起化学反应，用钙离子把钠离子交换出来，形成易溶于水的硫酸钠。硫酸钠可通过灌溉随水排出耕作层，从而消除耕层土壤中的交换性钠，改变土壤胶体的分散性，改善土壤的物理性状，从而达到改良碱土的目的。

☞ 22. 菜园土壤有效养分的丰缺状况与一般农田土壤有何不同？

一般菜园土壤由于长期重视施用有机肥料和适量施用化学肥料，不仅保证了蔬菜产量不断增长，而且也使得菜园土壤的养分明显提高。一般菜园土壤的有效养分含量要比农田土壤高得多，因此菜园土壤有效养分的丰缺指标也要比一般农田土壤相应地提高很多(表 2-2)。

表 2-2 菜园土壤有效养分丰缺状况的分级指标(参考) 毫克/千克

有效养分	严重缺乏	缺乏	适宜	偏高
水解氮(N)	＜100	100～200	200～300	＞300
有效磷(P)	＜30	30～60	60～90	＞90
速效钾(K)	＜80	80～160	160～240	＞240
交换性钙	＜400	400～800	800～1 200	＞1 200
交换性镁	＜60	60～120	120～180	＞180
有效硫	＜40	40～80	80～120	＞120
氯	＜100	100～200	＞200	

资料来源：章永松等(1996)。

☞ 23. 石灰性土壤上种植的蔬菜作物为什么会缺钙？

首先是由于蔬菜需钙量远大于一般大田作物。据研究，蔬菜作物的吸钙量平均比小麦高5倍多，其中，萝卜比小麦多10倍，甘蓝比小麦高25倍多。所以大田作物缺钙的情况并不多见，而蔬菜作物则最容易缺钙。例如大白菜的干烧心、莴苣的叶焦病、番茄和甜椒的脐腐病等都是由于缺钙造成的。

其次，必须明确蔬菜作物发生这种缺钙症状，并不是因为土壤缺钙，而是在蔬菜生长末期，由于体内钙的运输出现障碍而发生的生理性缺钙。石灰性土壤一般碳酸钙含量较多。据北京郊区14块菜地土壤分析结果，土壤含钙量为0.17%～0.57%，平均为0.46%。从理论上来说，这些钙足够蔬菜吸收利用，但是事实上蔬菜很难吸收利用。对于这种生理性缺钙，采用向土壤施用钙肥的效果甚微，而叶面喷施0.3%～0.5% 氯化钙溶液，连喷数次才有一定的效果。

☞ 24. 土壤养分临界值的意义是什么？它与合理施肥有什么关系？

土壤养分临界值是最早用于诊断指标的一种表示方法。实际上，它是表示养分缺乏和不缺乏的分界线。具体来讲，某种土壤养分的测定值低于临界值时，说明土壤中该养分处于缺乏或极缺乏的水平。因此，必须及时施用含该养分的肥料，才能获得明显的增产效果；反之，如果土壤养分测定值高于临界值，说明土壤中该养分处于基本够用或较为丰富的水平。因此，可适当补施或暂时不施用含该养分的肥料。

土壤养分临界值是决定要不要施肥的重要依据，利用土壤养分临界值，就可以根据作物特点和土壤养分丰缺状况合理分配和施用氮磷钾肥和微肥，做到心中有数。

我国石灰性土壤微量元素的临界值（毫克/千克）是：铁≤4.5，硼≤0.5，锰≤5.0，铜≤0.2，锌≤0.5，钼≤0.15。在施用微量元素肥料时，可根据土壤测定值和上述临界值，确定是否需要施用微肥或需要施用何种微肥。

应当指出：①临界值是指土壤中的有效态养分，而不是养分的全量。②由于测定方法不同，有效态养分的丰缺指标也各不相同。因此，应注意测定方法是否与临界值相对应。

☞ 25. 土壤中微量元素的形态和它们对作物的有效性怎样？

土壤中微量营养元素的含量差异很大，其中，以铁的含量最高，其全量可以百分数计，其余元素大多以毫克/千克计，其中尤以钼的含量最低。

土壤中的微量营养元素有4种形态：

(1)有机态：土壤中有机态微量元素存在于土壤有机质中，它必须在有机残体分解以后才能释放出来。有机质分解比矿物风化容易，所以有机态的微量元素养分的有效程度相对比较高。

(2)矿物态：它是指存在于矿物内的微量元素，不能和土粒上的阳离子进行交换。矿物中的微量元素，一般都很难溶解，只有在酸性条件下，多数微量元素才能逐步风化，使其中的微量元素溶解，转化为植物能够吸收的形态。可见，土壤pH值在很大程度上对微量元素的有效性有明显影响。

(3)吸附态:即吸附在胶粒表面,可被交换的微量元素养分。其数量很少,一般不足10毫克/千克。

(4)水溶态:一般是指溶于土壤溶液中的微量元素。这些水溶态微量元素的浓度都很低,多以微克/千克计算。它们的存在都有一定的pH值范围,超过此pH值范围时,微量元素即形成沉淀,而不再是速效性养分了。土壤的氧化还原状况,对微量元素养分的有效性也有影响。

由此可见,土壤中微量营养元素含量的特点是:虽然全量较多,但作物可以吸收利用的有效态微量元素却很少,因此应重视微肥的施用。

土壤中微量营养元素含量的多少,大体与土壤母质、质地轻重、有机质含量、环境pH值以及淋溶程度等有关。对植物的吸收利用来讲,微量营养元素的全量往往并不重要,而与其有效态的含量及其转化条件等却有直接的关系。据资料,近几年我国农田缺乏微量元素的面积有逐年扩大的趋势(有的农田不只缺乏一种微量元素),累计达23亿亩。因此,合理施用微肥,特别是叶面喷施液体微肥对促进农业生产发展意义十分重大,也是农民科技致富的一项重要措施。

☞ 26. 影响微量营养元素有效性的土壤因素有哪些?

从理论上讲,土壤微量营养元素的含量足以满足作物几十年的需要。尽管如此,为什么还经常出现微量元素的缺乏症状呢?这是由于土壤微量元素的特点——全量高而有效性低所决定的。更重要的是许多环境因素影响着微量营养元素有效性。它们是：

(1)土壤酸碱性(即 pH 值)：如图 2-2 所示，一般在酸性(pH 值＜6.5)条件下，由于铁、硼、锰、铜、锌的溶解度增加，因而它们的有效性也随之提高；而钼相反，其有效性会降低，所以酸性土容易缺钼。而当土壤 pH 值下降到 5.0 以下时，锰、铜、锌、硼的有效性也会下降。在碱性(pH 值＞7.5)条件下，提高 pH 值能显著降低土壤中铁、硼、锰、铜、锌的有效性，所以石灰性土壤容易缺乏这些微量营养元素。

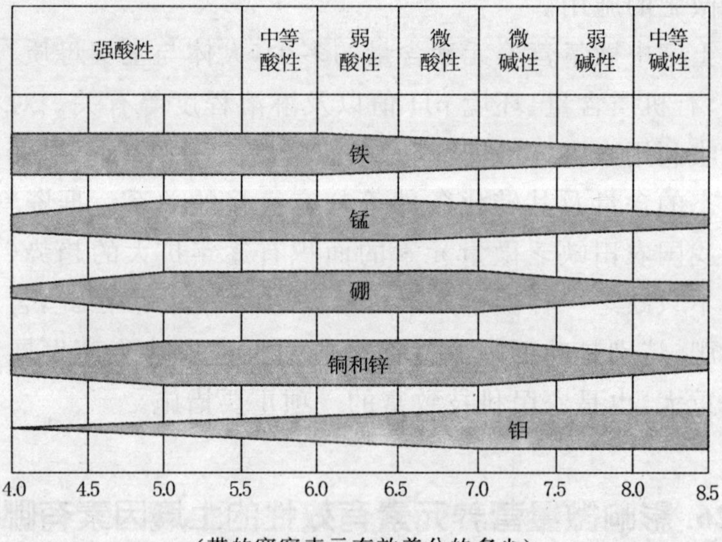

图 2-2　土壤酸碱性与微量元素有效性的关系

(2)氧化还原状况：在相同 pH 值条件下，还原态铁、锰、铜的溶解度一般均比氧化态的大，因而有效性较高。

(3)有机质:土壤有机质是一种天然螯合剂,它可以与金属微量元素螯合,如铁、锰、铜、锌等,使其有效性降低。但是一些简单的螯合物可以被作物吸收利用。

☞ 27. 涝洼地种植大秋作物为什么施肥效果不好?

作物正常生长一般需要 6 个条件,它们是光照、水分、养分、空气、温度和支撑条件。涝洼地由于地势低,土壤容易积水,或因水分过多造成内涝。这样一来,土壤中水分多了,空气却少了,水气之间是矛盾的。因而,使作物根系生长受阻,严重时还会烂根。由于作物缺氧,根系生长不好,吸收养分就困难,进一步就会影响地上部的生长,常见的症状是植株生长停滞,老叶发黄,很像缺氮的症状。涝洼地种植大秋作物易遭受涝灾,往往施肥效果不好,主要原因是土壤水分过多,根系缺氧,根系吸收养分的能力差造成的。这样的地块,首先应该排涝,然后才是施肥,补充养分。

三、肥料性质与合理施肥

☞ 1. 铵态氮肥有哪些特性？应怎样合理施用？

氮肥种类很多，一般根据氮肥中氮素化合物的形态可分为铵态氮肥、硝态氮肥和酰胺态氮肥 3 种类型(附表 1)。凡是肥料中的氮素以铵离子或气态氨的形态存在的，就属于铵态氮肥一类，如液体氨、氨水、碳酸氢铵、硫酸铵和氯化铵等。

铵态氮肥的特性是：

(1)易溶于水。铵态氮肥都易溶于水，并能产生铵离子及相应的阴离子，作物能直接吸收利用。由于它是速效性养分，所以作追肥时肥效快。

(2)能被土壤胶粒吸附。铵态氮肥中的铵离子与土壤胶粒上已有的阳离子进行交换后，可吸附在土壤胶粒上，形成交换态养分。铵离子被吸附后，移动性小，不易流失，可逐步供给作物吸收利用。所以相对来说，它比硝态氮肥的肥效长。因此，铵态氮肥既可作追肥也可作基肥施用。

(3)碱性条件下易分解。铵态氮肥遇碱性物质会分解，分解后释放出氨气而挥发损失。因此，铵态氮肥在贮存、运输和施用过程中都应注意防止氨的挥发损失。

(4)在土壤中能转化。在通气良好的土壤中，铵态氮在土壤微生物的作用下，可进行硝化作用，转化成硝态氮素。形成硝态氮素以后，可增加氮素在土壤中的移动性，有利于作物根系吸收。

铵态氮肥在土壤中的变化如图 3-1 所示。

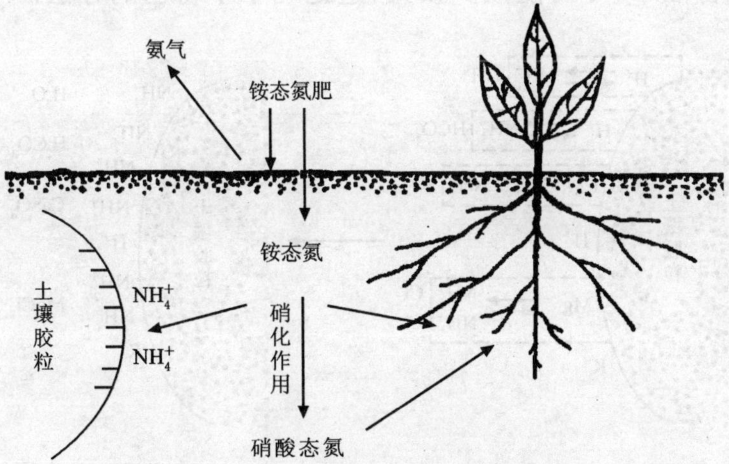

图 3-1 铵态氮肥在土壤中变化的示意图

☞ 2. 施用碳酸氢铵为什么要强调深施覆土?

碳酸氢铵简称碳铵，目前仍是我国主要的氮肥品种之一。这种氮肥最大的缺点是化学性质不稳定，极易挥发损失，农民称它为气肥。

生产上农民习惯把碳铵撒在地面上表施，由于土壤中水分的影响，碳铵就会很快分解，容易造成氮素的挥发损失，因而利用率不高，这是碳铵肥效低的根本原因。

施用碳铵应遵循“深施覆土”的原则，把肥料施到约6厘米的深度，利用土粒一般带负电荷的特性，吸附碳铵解离出来的铵离子，从而起到保氮、减少损失的作用（图3-2）。但是，在特殊情况下，如密植作物难以做到深施覆土时，可以撒施后立即结合灌水，尽可能减少损失，这是一个不得已的办法。

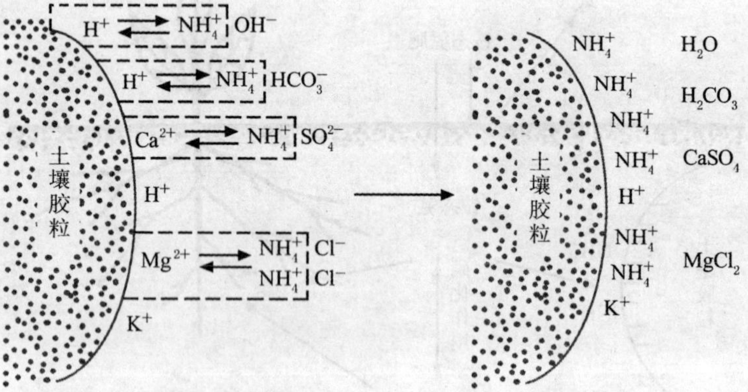

图3-2　土壤胶粒吸附铵态氮的示意图

☞ 3. 长效碳铵与普通碳铵相比有什么特点？

长效碳铵是在普遍碳铵生产过程中，以溶液形式定量地加入一种铵离子稳定剂（化学名称叫双氰胺），而形成共结晶的新型氮肥。长效碳铵保持了普通碳铵的优点，如肥效快，可提供二氧化碳营养，无副成分，对土壤无不良影响；同时还克服了挥发性强、肥效期短和贮存中易结块等缺点。

玉米试验结果表明，在施肥量为每亩50千克的情况下，长效碳铵的氮素利用率比普通碳铵平均可提高约10个百分点，即从23.21%提高到34.12%，比尿素的氮素利用率略高。长效碳铵用于小麦、玉米、水稻、棉花、大豆、番茄、黄瓜、白菜等多种作物，与普通碳铵相比均有增产、增收效果，增产幅度一般在7.8%～23.5%之间。

☞ 4. 硝态氮肥有哪些特性？为什么不宜在水稻田中施用？

凡是含有硝酸根的氮肥均属于硝态氮肥一类，如硝酸钠、硝酸钾、硝酸钙和硝酸铵等。

硝态氮肥的特性是：

(1)易溶于水。硝态氮肥易溶于水，并产生硝酸根阴离子和相应的阳离子，是速效性氮肥。各种硝态氮肥的溶解度都很大，吸湿性强，在雨季吸湿后能化为液体，给施用带来许多不便。

(2)不能被土粒吸附。由于硝酸根是带有负电荷的阴离子，不能被带负电荷的土壤胶粒吸附，所以，硝态氮肥施入土壤后只能存在于土壤溶液中，并随土壤水分运动而移动。在农田进行灌溉或降雨的条件下，它易被淋洗到土壤深层而损失；反之，当气候干燥，土壤蒸发量大时，它又可随土壤毛管水向上移动，甚至集聚在土壤表层。

(3)易脱氮损失。在土壤淹水或嫌气的条件下，硝酸根离子由于反硝化细菌的作用，而形成作物不能利用的氧化氮气体或氮气而脱氮损失。反硝化作用经常发生于水田中。

(4)易燃易爆。硝态氮肥受热时能分解产生氧气,因此在有限的空间内有易燃易爆的危险,在贮存过程中应注意安全。

硝态氮肥在土壤中的变化如图 3-3 所示。

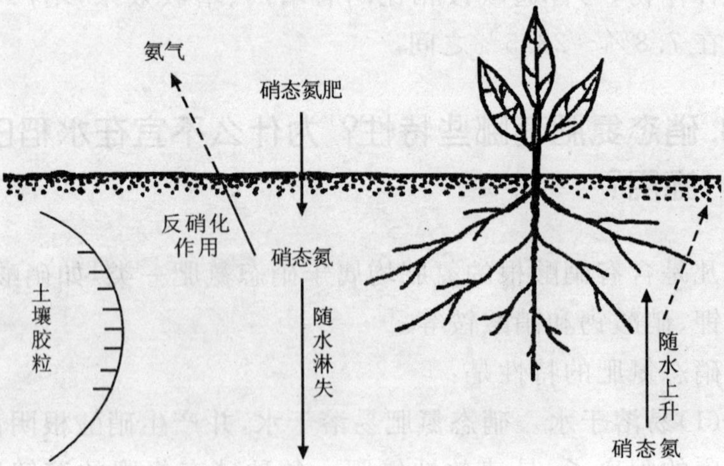

图 3-3 硝态氮肥在土壤中变化的示意图

硝态氮肥一般用于旱作追肥较为理想,增产效果很好。但硝态氮用于水稻田的效果就不如铵态氮肥好。其主要原因是硝态氮移动性大,氮素易随水进入水稻田的还原层,在还原层中,由于反硝化作用,把硝态氮还原成氮气或氧化氮气逸出水面而挥发损失。应该指出,水田施用铵态氮肥时,必须施到还原层中,才能有良好的效果(图 3-4)。

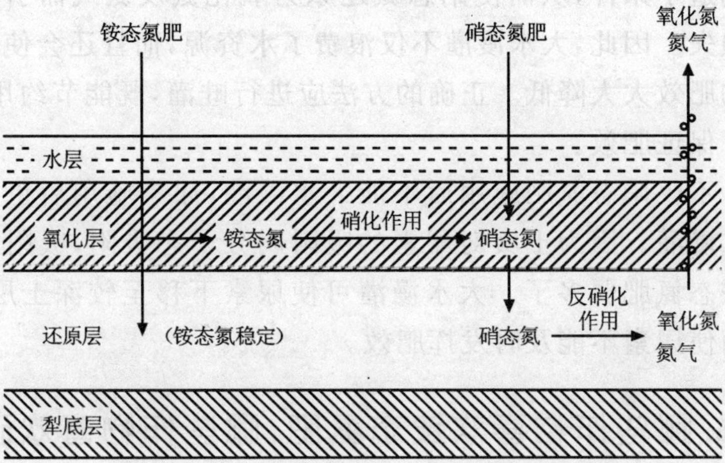

图 3-4 氮肥在水稻田中反硝化脱氮的示意图

☞ 5. 大水漫灌对硝态氮肥和尿素的肥效有什么影响?

硝酸铵是硝态氮肥的代表。现以硝酸铵为例来说明这一问题。硝酸铵简称硝铵,含氮量为 33%～34%,其中铵态氮和硝态氮各占一半,是速效性氮肥。

硝酸铵施入土壤后,很快溶解在土壤溶液中,解离成铵离子和硝酸根离子。铵离子和硝酸根离子都能被作物根系直接吸收。但是硝酸根与铵离子不同,它是阴离子,不能被带负电荷的土壤胶粒所吸附,因而随着水分的运动而流动,流动性很大。如果大水漫灌,会引起土壤中硝态氮的严重淋失(图 3-3)。

此外,大水漫灌后,由于土壤水分大量增加,为反硝化作用创造了条件，从而使硝态氮还原为氧化氮及氮气而引起脱氮损失。因此，大水漫灌不仅浪费了水资源，而且还会使硝酸铵的肥效大大降低。正确的方法应进行畦灌，既能节约用水，又可保证肥效。

不仅硝态氮肥施用后不能大水漫灌，尿素施用后也不应大水漫灌。因为土壤对尿素的吸附属分子态吸附，吸附能力比铵态氮肥弱多了。大水漫灌可使尿素下移至较深土层中，从而使尿素不能及时发挥肥效。

☞ 6. 哪些作物喜欢铵态氮肥，哪些作物喜欢硝态氮肥？

不论是铵态氮肥还是硝态氮肥，它们都是各种作物能吸收利用的氮源，但是，由于氮肥的形态不同，作物对它们的反应并不一样。水稻是典型喜欢铵态氮的作物，施用铵态氮肥的效果比硝态氮肥好。这是因为水稻幼苗根内缺少硝酸还原酶，所以硝态氮不能在体内还原成铵态氮，因此就不能很好地被利用。薯类作物含碳水化合物较多，有利于铵态氮合成有机含氮化合物。因为，这类作物对铵态氮有较强的忍耐能力，所以也喜欢铵态氮肥。烟草是典型的喜氧作物，对硝态氮反应较好。因为硝态氮有利于烟草体内形成大量的有机酸，因而能够增强烟叶的燃烧性。此外，许多小粒种子（如谷子），因种子中碳水化合物含量少，忍受铵态氮的能力很小，而对硝态氮的反应较好。

应当指出，不能简单地认为哪种形态的氮肥好或是不好。

因为肥效高低与各种影响氮素吸收利用的因素有关，作物营养特性只是其中的一个因素。

☞ 7. 尿素属于哪一类氮肥？为什么提早几天施用效果好？

尿素是酰胺态氮肥的典型代表，它的性质与铵态氮肥和硝态氮肥不同，最大的区别在于尿素是分子态的氮肥，作物不能大量吸收，但施入土壤后在土壤微生物分泌的脲酶作用下，转化成为碳酸铵，它属于铵态氮肥，作物可以大量吸收利用。所以说，尿素与铵态氮肥的不同在于需要有一个转化过程。尿素转化的速度主要取决于脲酶的数量和活性，而脲酶又受许多因素的影响，如：

（1）土壤酸碱度：尿素在中性土壤中的转化速率明显高于酸性或碱性土壤。中性环境更适合土壤微生物活动的要求。

（2）土壤肥沃性：由于肥沃土壤中脲酶含量比贫瘠土壤高，因此肥沃土壤中尿素的转化速率快。

（3）土壤温度：土温对尿素转化速度的影响较为明显。据资料，当土温在 10℃时，尿素全部转化需 7～10 天；20℃时，需 4～5 天；如果土温达 30℃时，只需 2 天就可全部转化。

（4）土壤水分：土壤含水分较多的黏壤土脲酶水解作用强烈。据研究，在 25～30℃时，施用尿素 1 天后就出现氨化高峰，有 28%的尿素转化为铵态氮素。

总之，根据尿素施入土壤后需要转化的特点，为了更好地发挥肥效，应根据具体条件适当提前 3～6 天施用，以便它能及时地转化成铵态氮，供作物吸收利用。

☞ 8. 尿素为什么是根外追肥最理想的品种？一般喷施浓度是多少？

尿素是根外追肥最理想的氮肥品种，与其他氮肥相比，它有3个特点：

(1)尿素是分子态养分，分子量小，作物叶片吸收快；不含副成分，直接与作物茎叶接触，伤害较小。

(2)尿素分子体积小，易透过细胞壁进入细胞内，而且它具有一定的吸湿性，扩散性能好，易被吸收。

(3)尿素分子呈中性，渗入叶片内，一般不易造成作物组织细胞的破坏。

尿素的喷施浓度应随作物种类、植株年龄等因素而有所不同。大多数作物尿素的喷施浓度为1%左右。对生长旺盛的作物或成年果树，其浓度可适当提高，而对幼嫩的蔬菜，其浓度应适当降低。一般喷施时间应在晴天早晨有露水时或在傍晚喷施效果较好。

应当强调指出，进行根外追肥时，不能用含缩二脲大于0.5%的尿素，否则容易引起毒害。

☞ 9. 尿素是化学性质稳定的氮肥，为什么也要强调深施覆土？

尿素在施入土壤之前的确是一种化学性质稳定的氮肥，但是在施入土中以后，情况就不同了。它在土壤微生物分泌的脲酶作用下进行转化作用，第一步转化为碳酸铵，进一步再转化为碳酸氢铵、氢氧化铵，因此氨的挥发不可避免。所以，尿素和铵态氮肥一样都应深施覆土。在石灰性土壤上表施尿素，氨的挥发损失同样是严重的，但这一点往往被人们所忽视。那种认为“尿素不是气肥，可以表施”的想法，实际上是一种误解。

☞ 10. 涂层尿素与普通尿素相比有哪些特点？

涂层尿素是20世纪90年代研制成功的一种新型氮肥。涂层尿素是在普通尿素的表面喷涂一层特殊的胶液，经干固氧化而成的一种包膜肥料。

涂层尿素与普通尿素相比，有以下几个特点：

(1)肥料物理性质好。肥料是粒状结构，不易结块；长期贮存结块后，稍加振动即能松散，并保持原有的颗粒形状。

(2)有缓释作用。当施入土壤后，包膜有降低土壤中脲酶的活性、减缓尿素分解和氮素释放强度的作用。因此，在施肥量和施肥方法相同的情况下，它比普通尿素能提高氮素利用率约6个百分点。

(3)增产效果明显。据试验，每亩施用25千克涂层尿素与等氮量的普通尿素相比，具有增产、增收的效果。一般增产率：小麦为10.2%，玉米为9.5%，棉花为13.2%。

☞ 11. 可控缓释氮肥有哪些特性和优点？

据专家调查，目前我国氮肥平均利用率只有35%，不但养分损失严重，而且已对某些地区的地下水和江河造成污染；

同时一些包膜肥料一般不能人为调控氮素释放速率使其与作物吸肥规律同步;一次施用大量化肥在苗期极易造成烧苗,而由于受劳力和栽培条件的限制,又很难做到多次追肥。在这种背景下研制成功了可控缓释氮肥。

(1)生产原理:①采用水分透过率很低的高分子树脂作包衣材料,将其均匀喷涂于尿素颗粒表面,使其形成一层水分渗透性很低的树脂膜。②土壤中的水分通过树脂膜进入肥料颗粒内,将养分溶出膜外,供作物吸收,其膜内肥料的溶出速度,就是肥料养分释放的有效速度。③由于高分子树脂化学性质比较稳定,土壤 pH 值、微生物、生物等条件短期内不易对树脂膜的性质产生影响,只有土壤温度、水分条件可以改变水分渗透速度,即改变肥料养分的溶出速度。④在加工时,薄膜表面积和厚度是可以推算的。所以通过调整包衣成分,改变膜的水分透过率,以改变养分(N)的溶出速度,就可制成在某一温度下,不同养分溶出速度的可控缓释肥料。

(2)优点:可控缓释尿素的含氮量为≥41%,水分含量≤2%。根据这种缓释氮肥可人为地调整养分的释放时间。做到养分释放与作物需肥相一致,因而它具有以下优点:①可大大提高肥料利用率。据夏玉米试验,在亩施 22 千克可控缓释尿素的情况下,比亩施 35 千克普通尿素,可提高氮肥利用率 24 个百分点,节省氮肥 37%,降低生产成本;同时提高增产率 11.8 个百分点,增产效果显著。②节约劳力。可一次性作基肥施入,既可节省劳力,又有利于同穴施肥和机械化作业。③减少污染。减少氮肥损失的同时也就减少氮对大气和水源的污染。④便于贮存。解决了复混肥贮存中吸湿的难题。

☞ 12. 当前氮肥利用率不高的原因是什么？

据统计，几种主要氮肥品种的氮素利用率是：碳酸氢铵25%～30%，尿素30%～35%，硫酸铵35%～40%。目前我国氮肥利用率平均为35%。氮肥利用率不高的主要原因是：

（1）养分损失。大量事实表明，氮肥损失的主要途径是铵态氮肥的氨挥发，也包括尿素转化后氨的挥发；硝态氮肥和尿素的直接淋失，以及水田中反硝化作用所引起的气态氮损失。要想提高氮肥利用率就应设法防止这3方面的损失。施肥方法不当是养分损失的主要原因。

（2）施肥量过大。最突出的是氮肥施用量过大。氮肥利用率的定义是作物吸收来自肥料的氮量占施入肥料的氮量的百分数，由此可见，加大了氮肥的投入，必然会降低氮肥利用率。因为，虽然作物的吸氮量会随施肥量提高而有所增加，但作物的吸氮量是有限度的，不可能和施肥量同步增加。其结果是，超过正常需氮量越多，氮肥利用率就越低。

（3）养分配比不当。由于偏施氮肥，使得施肥养分比例不平衡，也会影响作物对氮肥的吸收利用，因而氮肥利用率不高。这一点往往未引起人们的重视。

应当指出，随着科技的进步，提高氮肥利用率是可能的。关键在于施肥数量化和方法科学化。

☞ 13. 什么叫做肥料利用率，它的高低说明什么问题？

肥料利用率是指作物吸收来自肥料的养分占所施肥料养

分的百分数。以氮肥为例，差减法的计算式如下：

$$氮肥利用率=\frac{N_{f+s}-N_s}{N_f}\times 100\%$$

式中：N_{f+s}为作物吸收来自土壤和肥料中的氮量；N_s为空白区作物吸收来自土壤中的氮量；N_f为所施肥料中的氮量。

从计算式可知，氮肥利用率与施氮量成反比，过量施氮，肥料利用率必低，相反，施肥量少则肥料利用率虽高，但作物产量不高，因此不可取。另外，徒长的作物，营养体吸收的氮多，肥料利用率高，由于经济产量不高，所以也不可取。总之，在合理施肥的前提下，力求肥料利用率高，表明肥料损失少而产量高，肥效好。

☞ 14. 影响氮肥利用率的因素有哪些？

氮肥利用率一般具有利用率低和变幅大的特点。据专家认定，目前我国氮肥利用率平均为35%。肥料利用率是一个变数，受许多因素制约，诸如土壤肥力水平、作物种类和品种、灌溉条件、肥料品种、施肥量以及施肥方法等对肥料利用率的影响很大。所以说肥料利用率是这些因素的综合反应。

☞ 15. 怎样才能提高氮肥利用率？

总的来说，氮肥利用率是可以适度提高的。可从以下两方面入手。从农艺方面看，可采取：①深施覆土；②配方施肥；③水肥结合等，这些措施可以提高肥料利用率。从工艺方面看,可采取:①碳铵改性,生产长效碳铵;②采用涂层技术,生产涂层尿素;③生产可控缓释尿素等,这些措施均可大大提高氮肥利用率10～30个百分点。

☞ 16. 哪些氮肥品种不宜作种肥?

严格来讲,种肥是在播种时与种子混合或施于种子附近并在作物苗期能够发挥营养作用的一种施肥方式。虽然施用种肥有良好的效果,但并非所有的氮肥品种都能作种肥。例如:①碳酸氢铵不能作种肥。因为碳酸氢铵挥发性强,分解时产生的氨气会影响种子萌发,致使出苗不齐。②硝酸铵由于吸湿性强,空气潮湿就能使之液化,有沾在种子上的危险,所以也不能作种肥。③尿素也不宜作种肥。因为尿素含氮量高,影响种子的萌发。④氯化铵和氯化钾中都含有大量氯离子,氯离子浓度过高时,对种子萌发有抑制作用,不能作种肥。此外,高浓度的复混肥也不能做种肥。

如果,生产上急需施用种肥,而又没有理想的肥料品种时,则必须掌握种子和肥料隔开的原则,要严格控制种肥用量。尿素对小粒种子的毒害最为明显,因此每亩不能超过5千克。

总之,凡是挥发性和吸湿性强、养分浓度过高、含氯的氮肥品种以及高浓度复混肥均不能或不宜作种肥,否则会影响种子萌发和幼苗生长。

☞ 17. 为什么氮肥过量施用会产生肥害?

氮肥过量施用,往往会产生肥害,其原因可能是:

(1)气体毒害。主要指氨气毒害。不仅在施用碳酸氢铵时容易产生氨气毒害,而且在施用尿素时也可能发生氨气的毒害。当空气中氨浓度达到5毫克/千克时,就会造成叶片伤害;当浓度达到40毫克/千克时,氨就会使叶肉组织坏死,叶绿素解体,叶脉间出现褐色斑点或斑块。

(2)浓度伤害。当一次过量施用氮肥时,很容易造成土壤溶液浓度过高,渗透阻力增大,导致作物根系吸水困难,甚至发生细胞脱水现象,开始时叶片发蔫,随后叶片枯黄死亡,群众称为"烧苗"。

防止肥害的方法是:①控制氮肥用量,应分次施用。②增施有机肥料,提高土壤的保肥能力,增加土壤的缓冲性。③施肥时不要沾到叶片上,尤其是当有露水时,不能随意撒施,以免灼伤。

☞ 18. 过磷酸钙在酸性土壤和石灰性土壤中的变化相同吗?

过磷酸钙通常称为普通过磷酸钙,简称普钙,是我国常用的磷肥品种。普通过磷酸钙的主要成分是磷酸一钙,并含有大量硫酸钙副成分和许多杂质。过磷酸钙中有效磷的含量应为14%～18%。此外,肥料中还含有40%～50%的硫酸钙和2%～4%的各种硫酸盐以及3.5%～5%游离酸,所以它是酸性肥料。磷酸一钙能溶与水,易被作物吸收,是作物能直接吸收利用的水溶性磷肥。过磷酸钙施入土壤后发生的变化因土壤类型不同而有差异(附表2)。

在石灰性土壤中，过磷酸钙中的磷酸一钙能与土壤中的钙盐发生反应，并生成溶解度很小的各种磷酸钙盐，从而降低其有效性；而在酸性土壤中，磷酸根离子能与土壤中铁、铝离子或交换性铁、铝作用，生成磷酸铁、磷酸铝沉淀，也会降低磷肥的有效性。在石灰性土壤和酸性土壤上施用水溶性过磷酸钙后所发生的变化虽然不同，但它们的共同特点是，都能把作物可以吸收利用的速效性磷酸盐转化为作物不能吸收利用的难溶性磷酸盐，从而降低磷肥的肥效。这个转化过程通常称为磷的化学固定（图 3-5）。

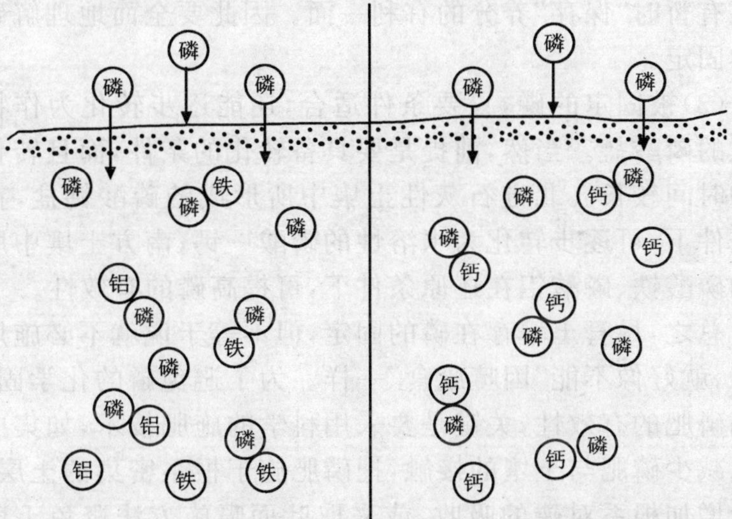

图 3-5　水溶性磷肥在不同类型土壤中变化的示意图

☞ 19. 被土壤固定的磷是不是就不能被作物再利用了?

当人们了解到水溶性磷肥易被土壤固定，从而降低了有效性，就必然产生一种疑虑，即认为被土壤固定的磷，作物就不能再利用了，因而对施用磷肥的态度消极。其实，这是不对的。对土壤中磷的固定应有正确的认识：

(1)应认识到磷的固定是客观存在的和难以避免的。

(2)土壤对磷的固定虽有降低磷肥肥效的不利一面，但是它也有暂时“保存”养分的有利一面。因此要全面地理解磷的化学固定。

(3)被固定的磷，只要条件适合，还能逐步转化为作物可吸收的磷酸盐。当然，前提是要具备转化的条件，而且转化所需的时间较长。北方石灰性土壤中所形成的磷酸钙盐，在酸性条件下，可逐步转化为水溶性的磷酸一钙；南方土壤中所形成的磷酸铁、磷酸铝在还原条件下，可提高磷的有效性。

总之，尽管土壤存在磷的固定，但不等于说就不必施用磷肥了，就好像不能“因噎废食”一样。为了避免磷的化学固定，提高磷肥的有效性，关键是要采用科学的施肥技术，如集中施用以减少磷肥与土壤的接触，把磷肥施于根系密集的土层中，尽量增加根系对磷的吸收，或采取叶面喷施方法避免土壤对磷的化学固定，就能提高磷肥的当季利用率。

☞ 20. 过磷酸钙究竟是深施效果好还是浅施效果好?

根据过磷酸钙施入土壤后易被固定、移动性小的特点，从

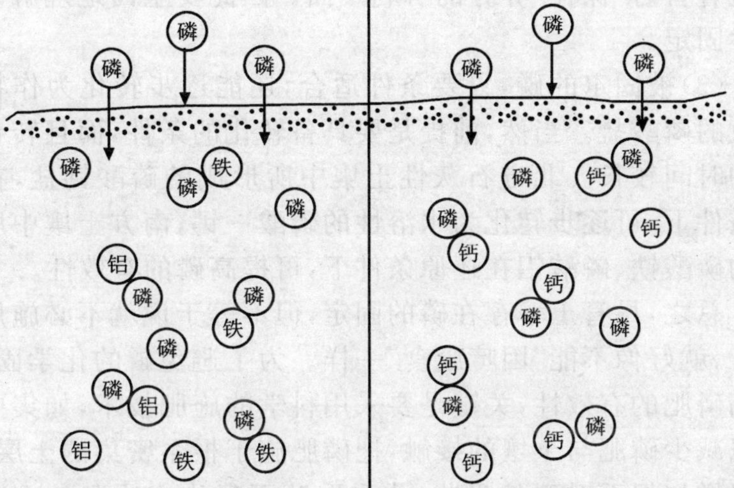

理论上讲,磷肥应该深施作基肥,才能获得较好的效果。这是因为磷肥深施可以满足作物生长中后期对磷的最大需要,又能克服中后期追施磷肥的实际困难。但是为什么在生产实践中,有时又表现出磷肥浅施的效果好呢?这种现象应作具体分析。

当土壤速效磷含量极度缺乏时,苗期又是磷营养的临界期,由于深施磷肥不能解决作物苗期对磷的迫切需要,缺磷已成为限制作物生长的首要因素。此时浅施于地表的磷肥有利于幼苗生长,所以磷肥浅施会获得较好的效果。此外和作物种类有关,对根系分布较浅的须根系作物如大麦、小麦,磷肥浅施的效果可能会比直根系作物如棉花、大豆的肥效好。对土壤速效磷含量极低的新垦地,建议磷肥采取深施、分层施的方法并用少量磷肥作种肥,可获得良好的效果。

☞ 21. 为什么过磷酸钙当季利用率不高?应采取哪些有效措施?

过磷酸钙施入土壤中会发生化学变化,最突出的变化是磷的固定。在南方酸性土壤上易产生磷酸铁、磷酸铝沉淀,而在北方石灰性土壤上则形成磷酸钙沉淀,从而降低了磷肥的有效性,使肥效大大降低,这就是磷肥当季利用率不高的主要原因。此外,磷肥在土壤中移动性小,移动距离一般为1～3厘米,而绝大部分集中在施肥点周围0.5厘米范围内。因此,提高磷肥利用率的原则是,既要减少肥料与土壤的接触避免固定,又要增加肥料与根系的接触,以利作物吸收。一般应采取以下措施：

(1)集中施用。过磷酸钙无论是作基肥、种肥或是作追肥均应集中施用，以减少它与土壤的接触。对中耕作物可采用条施或穴施的方法，水稻田可采用塞秧兜或蘸秧根的方法。通常作基肥的效果比追肥好。

(2)与有机肥料混合施用。与有机肥料混合施用可以减少肥料与土壤的接触，因此也能减少水溶性磷酸一钙的固定。实质上是利用有机肥料保护磷肥，减少固定。

(3)制成颗粒磷肥。制成颗粒磷肥也是减少磷肥与土壤的接触面的一种做法，与集中施用有相同的意义。颗粒磷肥的粒径一般以3～5毫米为宜。

(4)分层施用。在磷肥用量较多的情况下，可将用量的70％作基肥，其余30％作种肥，以保证苗期和中后期有充足的磷供作物吸收。

(5)根外追肥。根外追肥是经济有效施用磷肥的方法之一。它可以完全避免土壤对水溶性磷酸一钙的固定。尤其是在作物生长的后期，根系吸收养分能力减弱时，叶面喷施磷肥能够增加水稻、小麦的千粒重，棉花的百铃重和提高果树的坐果率。

喷施过磷酸钙时，应先在磷肥中加入少量水配制成母液，放置澄清，取上层清液稀释到所需浓度后喷施。喷施浓度应根据作物种类和生长状况而定。一般双子叶作物适宜的浓度为0.5％～1％，单子叶作物适宜的浓度为1％～2％。

☞ 22. 土法生产的过磷酸钙为什么不能作种肥？

用过磷酸钙作种肥能改善作物苗期的磷营养，这已是人们公认的事实。它既可以单施，也可以与优质粪肥混合施用。但用土法生产的过磷酸钙作种肥时，往往会出现烂种或幼苗中毒现象，其受害原因可能是：

(1)游离酸含量过高。由于生产过程中反应时间过短，熟化程度不够，使肥料中游离酸含量过高。用这样的过磷酸钙作种肥，容易腐蚀种子，导致烂种。对游离酸含量过高的磷肥，应在施用前加1%～2%的草木灰与之混合，以减少游离酸的含量。

(2)含有害物质。土法生产过磷酸钙常利用工业废酸以降低成本。工业废酸中往往含有汞、苯、三氯乙醛等有害物质，因土法生产过磷酸钙而带进磷肥中。山东、河南、辽宁、安徽、江苏等省曾发生多起因施用劣质磷肥造成大面积麦苗死亡的事故，其原因是农药厂废酸中含有三氯乙醛所致。三氯乙醛对小麦危害的主要表现是：破坏细胞的正常分裂，酶系统紊乱，根系严重畸形，出现病态组织如鸡爪根；叶片皱缩、卷曲，逐渐枯萎，茎生长点萎缩而死亡。当肥料中三氯乙醛的含量超过400毫克/千克时，即产生毒害。

应该指出的是，遭受三氯乙醛污染的地块，不要急于补种，必须先翻耕，促使三氯乙醛氧化，使之转变为三氯乙酸，经灌水充分淋洗后才能重新播种。

☞ 23. 常年施用高浓度磷肥为什么土壤会缺硫？

以往施用低浓度的普通过磷酸钙时，土壤并没有缺硫问题，而这几年改用高浓度的重过磷酸钙以后，某些地区却出现了土壤缺硫现象。这是为什么呢？要说清楚这个问题还得从普通过磷酸钙和重过磷酸钙的成分说起。

普通过磷酸钙的主要成分是磷酸一钙，肥料中含磷(P_2O_5)14%～18%；副成分为硫酸钙，占50%左右。因此，施用普通过磷酸钙不仅能为作物提供磷营养，而且还可使作物获得硫营养。但是过磷酸钙含磷量低，含副成分多。为了克服这一缺点，才有了重过磷酸钙这一磷肥品种。

重过磷酸钙在制造方法上进行了改进，使肥料中不含硫酸钙等杂质，从而使磷的含量大大提高，成为含磷(P_2O_5)46%的高浓度磷肥。因此，常年施用重过磷酸钙自然就会出现缺硫问题。

作物缺硫症状与缺氮十分相似，主要特征是叶片失绿黄化，但从细微的表现看，它们是有区别的。缺氮的症状是首先从下部老叶开始，而缺硫的症状是从上部新叶开始。例如，马铃薯缺硫时，首先上部叶片普遍黄化，严重时叶片上出现褐色斑点。

因此，建议种植喜硫作物时，应选用普通过磷酸钙，或者采取交替施用普通过磷酸钙和重过磷酸钙的办法，使常年施用高浓度磷肥而导致缺硫的问题得以缓解。

☞ 24. 钙镁磷肥有什么特点？应怎样合理施用？

钙镁磷肥是一种利用高品位磷矿石生产的热制磷肥，不溶于水但能溶于弱酸，不吸湿、不结块，物理性质好。其主要成分是α-磷酸三钙，含磷(P_2O_5)14%～19%，肥料中还含有约

30％的氧化钙和15％的氧化镁，所以它是一种碱性肥料。

为了充分发挥钙镁磷肥的肥效，必须考虑以下几个方面：

(1)作物种类：作物种类不同，对钙镁磷肥中磷的利用能力也不同。如用于水稻、小麦、玉米等作物的当季效果，一般约为过磷酸钙的70％～80％，用于油菜、豆科绿肥其肥效略高于过磷酸钙。

(2)土壤性质：在酸性土壤上施用钙镁磷肥一般能获得较好的效果，当季肥效大多与过磷酸钙相当，有时还略高于过磷酸钙。但在石灰性土壤上施用时，效果不太稳定。近些年来，在河北省一些地方，施用钙镁磷肥有较好的效果。

(3)肥料细度：钙镁磷肥不溶于水，只溶于弱酸。为了提高其肥效，必须增加它与土壤的接触面，一般要求有80％～90％的肥料颗粒能通过孔径为0.177毫米的80号筛。

(4)施肥技术：钙镁磷肥应作基肥并及早施用，使它在土壤中有较长的转化时间，一般不作追肥施用。在南方酸性土壤上，用钙镁磷肥拌稻种或蘸秧根，有一定的肥效。为了提高其肥效，可预先与有机肥料混合堆沤。施用钙镁磷肥也应注意施用深度，一般施入根系主要分布层效果好，且用量应多于水溶性磷肥。

☞ 25. 近些年来石灰性土壤上施用钙镁磷肥为什么也有较好的效果？

钙镁磷肥是碱性肥料，所含磷酸盐属弱酸溶性的，一般施在酸性土壤上才会有效，施在北方石灰性土壤上往往没有效果或肥效很差。但是近些年来，在河北有些地方施用钙镁磷肥却有较好的效果。这是因为近些年来施用重过磷酸钙、磷酸二铵等高浓度磷肥的数量逐年增加，土壤中有效磷含量水平明显上升，使作物苗期所需的磷有了一定的保证，不致因土壤极度缺磷而影响幼苗生长，到了中、后期，作物根系分泌的弱酸有促进钙镁磷肥转化的作用，因而作物吸收弱酸溶性磷肥的能力也随之大大加强。所以，在这种情况下，钙镁磷肥就可发挥一定的增产作用。这说明，随着生产条件的变化，肥料的增产效果也会相应地发生变化。

☞ 26. 磷矿粉直接施用的条件是什么？一般用在什么土壤和作物上效果好？

磷矿粉是难溶性磷肥的代表品种，它是将磷矿石磨碎而制成的。直接施用的磷矿粉应是含弱酸溶性磷酸盐数量高的品种，并非所有磷矿石均可磨碎直接当磷肥施用。磷矿粉的主要成分是磷酸三钙或是含氟的磷酸钙，含磷（P_2O_5）量在14%以上。含磷量的高低依磷矿石的品位而定。

磷矿粉因所含磷酸盐是难溶性的，直接用作肥料时，通常肥效较差。实践证明，提高磷矿粉肥效的关键在于提高其溶解度，加速磷的释放，这在很大程度上需要有酸的存在。提高磷矿粉的肥效与下列因素有关：

(1)土壤条件：磷矿粉的溶解直接受土壤酸度的影响，土壤酸度越强，溶解磷矿粉的能力越大，肥效也就越高。因此，磷矿粉适宜施于酸性土壤。在有效磷含量极低的石灰性土壤上施用磷矿粉有时有一定的增产效果。这可能与作物在严重缺磷时根系能分泌酸性物质有关。

(2)作物种类:各种作物吸收难溶性磷酸盐的能力有很大差异,因而施用磷矿粉后其肥效不同。这与各种作物根系的特性,如根系阳离子交换量、根系分泌的酸性物质多少等有关。根系阳离子交换量大的豆科作物大多利用磷矿粉中磷的能力比较强,因而肥效好;根系分泌物的酸度大的作物,表现为吸磷能力强。此外,多年生经济林木和果树对磷矿粉的利用能力都比较强,应提倡用磷矿粉作基肥。

☞ 27. 为什么说骨粉是很好的磷肥资源?怎样施用才能提高肥效?

骨粉是农村中应用最早的磷肥品种。它是由动物骨头加工制成的。其成分比较复杂,除含有磷酸三钙外,还含有骨胶、脂肪等。由于它含有较多的脂肪,较难粉碎,在土壤中也不易分解,肥效差。因此,往往需经脱脂处理才能提高肥效。根据不同的加工方法可获得不同的产品。常见的骨粉品种有:

(1)粗制骨粉:把骨头稍稍打碎,放在水中煮沸,随煮随除去漂浮出的油脂,直至除去大部分油脂,取出晒干,打碎并磨成粉末。粗制骨粉中磷(P_2O_5)的含量为20%左右,并含有3%～5%氮素。

(2)蒸制骨粉:将骨头置于蒸汽锅中,蒸制2～4小时,以除去大部分脂肪和部分骨胶,干燥后粉碎。蒸制骨粉含磷

(P_2O_5) 25%～30%，含氮(N) 2%～3%。其肥效一般高于粗制骨粉。

(3)脱胶骨粉：在更高的温度和压力下，以除去全部脂肪和大部分骨胶，干燥后粉碎。脱胶骨粉含磷(P_2O_5)可达30%以上，含氮(N)在0.5%～1%之间。肥效较高。

骨粉不溶于水，肥效缓慢，宜作基肥。它最适宜施于酸性土壤，在石灰性土壤上肥效很不明显。骨粉的肥效一般高于磷矿粉，因为它含有少量的氮素。在施用骨粉的第一年往往是氮素的效果。未经处理的骨粉，因含脂肪多，施于水田有漂浮问题。因此，施前应进行处理，可加少量碱性物质，如石灰或草木灰共同堆腐，进行皂化。未经处理的骨粉施于旱地还会因含脂肪而招来地下害虫。通常骨粉应综合利用，一般需经脱脂、脱胶后再作磷肥施用。

☞ 28. 怎样根据作物特性和轮作换茬特点合理分配磷肥？

由于作物对磷的利用能力和敏感度不同，因而不同作物对磷肥的反应也有明显差异。一般来说，豆科作物（包括豆科绿肥作物）、糖用作物（甘蔗、甜菜）、淀粉含量高的薯类作物（甘薯、马铃薯）、棉花、油菜以及瓜果类、茶、桑等吸磷能力强，都需要较多的磷，施用磷肥有较好的肥效，既能提高产量，又能改善品质；而谷类作物吸磷能力弱，需磷量也相对少一些。但是必须指出，豆科作物吸磷能力强，需要增施磷肥，而吸磷能力弱的谷类作物，更应注意磷的供应，磷营养不足常常是这类作物产量不高的主要原因。由于它们吸磷能力弱，应施用水溶性磷肥。

在不同的轮作换茬制中，并不需要每茬作物都施用磷肥，应重点施在能明显发挥肥效的茬口上。例如在稻麦轮作制中，应把磷肥重点放在旱作上，因为小麦吸磷能力弱，应满足其对磷的要求，水稻可适当少施，即所谓“旱重水轻”的施磷原则。当由旱作转为种植水稻时，土壤处于淹水的还原状态，一般磷的有效性较高，此时可适当少施，甚至不施磷肥，即所谓“旱重水免”的施磷原则。对于旱地轮作，如小麦、玉米(或谷子)轮作制中可采取“一重二轻”的施磷肥原则，即磷肥重点施在小麦上，后作玉米(或谷子)因吸磷能力比小麦强，可利用磷肥的后效，或适量补施少量磷肥。在有豆科绿肥参加的换茬制中，应把一部分磷肥，尤其是难溶性磷肥重点施在豆科绿肥作物上。这可以从3个方面来说明其必要性：①豆科绿肥吸磷能力强。②在满足磷营养的条件下，可提高豆科绿肥固定空气中氮素的能力，这就是人们常说的“以磷增氮”效应。③豆科绿肥作物单产提高后可为后茬作物提供充足的有机肥源，这可看作是“以无机(化肥)换有机(肥料)”的一项技术措施。

☞ 29. 怎样选择钾肥的品种?

硫酸钾和氯化钾是常用的两种钾肥。从作物营养角度来看，它们都能为作物提供钾营养，有利于作物增产，但从产品品质来看，有的作物施用硫酸钾的效果比氯化钾好，但也不是所有作物都需要施用硫酸钾(附表3)。

选择钾肥品种的原则是：

(1)从土壤条件看，缺硫的土壤应选用硫酸钾；盐碱地应施用硫酸钾，不应选用氯化钾，以避免增加土壤氯离子的含量，加重盐害。

(2)从作物方面看，对氯敏感的作物如烟草、马铃薯、西瓜、甘薯、甘蔗、茶树、柑橘等应选用硫酸钾。对喜硫的蔬菜作物如葱、蒜等蔬菜也应选用硫酸钾。

(3)从肥料价格看，硫酸钾价格比氯化钾贵，所以除特殊原因和要求外，一般情况下应尽量选用氯化钾。

(4)从灌溉条件看，有灌溉条件或多雨的地区，只要土壤排水条件良好，大多数作物均可选用氯化钾，对产量和品质不会产生不良影响。

☞ 30. 为什么说草木灰是好钾肥？应怎样合理贮存和施用？

长期以来，广大农村普遍以稻草、麦秸、玉米秸秆、棉柴、树枝、落叶等为燃料，所以草木灰是农村中一项重要的钾肥资源。草木灰中含有植物体内各种灰分元素，如磷、钾、钙、镁以及各种微量元素，其中钾和钙的数量较多，一般把它看作是钾肥。事实上，它却含有多种营养元素。

草木灰中含有各种钾盐，其中以碳酸钾为主，其次是硫酸钾，氯化钾含量较少，一般含钾(K_2O)5%～10%。草木灰中的钾90%都能溶于水，是速效性钾肥。

草木灰可作基肥、种肥或追肥，其水溶液也可用于根外追肥。草木灰还可用作水稻秧田的盖肥，能起到供给养分，增加地温，减少青苔，防止烂秧以及疏松表土，便于起秧等多种作用。棉籽浸种后用草木灰拌种，既有利于种子分散，便于下种，又兼有一定的营养作用。它确实是农家自产的好钾肥。不过在贮存和施用上要注意以下问题：

(1)由于肥料中以含碳酸钾为主，所以是碱性肥料。它不能与铵态氮肥混合施用，也不能与人粪尿、圈肥等有机肥料混合，以免引起氮素的挥发损失。农村中常把草木灰撒在粪坑或猪圈中的做法都是不对的。

(2)正确贮存草木灰的方法是单独存放在室内，防止风吹雨淋。经水淋洗过的草木灰肥效很差。

(3)我国西北地区和内蒙古的某些内陆盐碱土以及沿海的滨海盐碱土上生长的植物中含大量钠和氯，由这些耐盐植物所得到的草木灰不能用作肥料，以免大量盐分又进入土壤。

(4)草木灰通常以集中施用为宜，采用条施或穴施方法均可。施用深度约10厘米，施后立即覆土。草木灰质地轻松，易飞扬，施用时很不方便。因此，可在施用前与2～3倍湿土拌和，或喷洒少量水分使其湿润，然后再施用。

(5)草木灰应优先施在对氯敏感而喜钾的烟草、马铃薯、甘薯等作物上。

☞ 31. 我国钾肥资源不足，应怎样合理分配和施用？

我国大约有三亿五千万亩缺钾的土壤，大多数分布在长江以南地区，目前北方地区高产田和沙性土均有缺钾的趋势，合理施用钾肥的增产潜力很大。由于我国钾肥资源不足，仅青海省产有少量钾肥，大多数钾肥依靠进口，因此，合理分配和施用钾肥就成为一个突出问题。

合理分配和施用钾肥的一般原则是：

(1)施于喜钾作物。豆科作物对钾最敏感，施用钾肥增产显著。含碳水化合物多的薯类作物和含糖较多的甜菜、甘蔗以及一些浆果等需钾量也较多。经济作物中的棉花、麻类和烟草等也是需钾较多的作物。禾本科作物中以玉米对钾最为敏感，水稻中的杂交稻需钾也较多。因此钾肥应优先施于喜钾作物上。

(2)施于缺钾土壤。长江以南各省土壤缺钾情况比北方各省严重，因而是重点施钾地区。北方土壤质地粗的沙性土大多是缺钾土壤，施钾肥的效果十分明显。因此，应优先施用于质地轻的土壤上，以争取较高的经济效益。沙性土施钾时应控制用量，采取“少量多次”的方法，以免钾的流失。

(3)施于高产田。一般来讲，低产田因产量水平不高，需钾程度并不迫切。当作物产量逐年提高后，作物每次收获都要带走包括钾在内的大量养分，致使一些高产田出现供钾不足现象，在一定程度上成为作物高产的限制因素。因此，钾肥优先施于高产田，可以充分发挥平衡施肥的作用，是一项十分重要的增产措施。

☞ 32. 什么叫生理酸性肥料和生理碱性肥料？

大多数化学氮肥施入土壤后均可生成阳离子和阴离子两

部分。由于作物吸收化学氮肥中阴、阳离子数量不相等，当吸收阳离子多于阴离子时，能使土壤酸化的肥料叫做生理酸性肥料。例如，硫酸铵或氯化铵施于土壤后，作物吸收铵离子多，吸收硫酸根离子和氯离子少，多余的硫酸根或氯根可分别生成硫酸或盐酸，而使土壤酸化，所以硫酸铵和氯化铵都是生理酸性肥料。同样的道理，硫酸钾和氯化钾也属于生理酸性肥料。

然而，硝酸钠和硝酸钙这两种氮肥的情况则不同。它们施入土壤后，因为作物吸收硝酸根离子的数量比钠或钙离子多，能使土壤反应呈碱性或弱碱性，因此硝酸钠和硝酸钙属于生理碱性肥料。

硝酸铵施入土壤后，其所含成分全部都可被作物吸收，土壤中不会有残留物，对土壤酸碱度也没有影响，所以它是生理中性肥料(图 3-6)。

一般来讲，酸性土壤应选用碱性或生理碱性肥料，如硝酸钠、硝酸钙等。如果没有选择余地时，应注意增施有机肥料或配施石灰以减少酸化的影响。碱性土壤应选用生理酸性肥料，如硫酸铵、氯化铵等。对于盐碱地，虽没有土壤酸化的问题，但也不宜施用氯化铵和硝酸钠，以避免因氯离子和钠离子过多造成危害。

☞ 33. 常年施用含氯化肥对作物生长有害吗?

不同作物对氯离子的敏感程度不同。对氯敏感的作物应慎用含氯化肥，如氯化铵和氯化钾。因为过量的氯对作物产

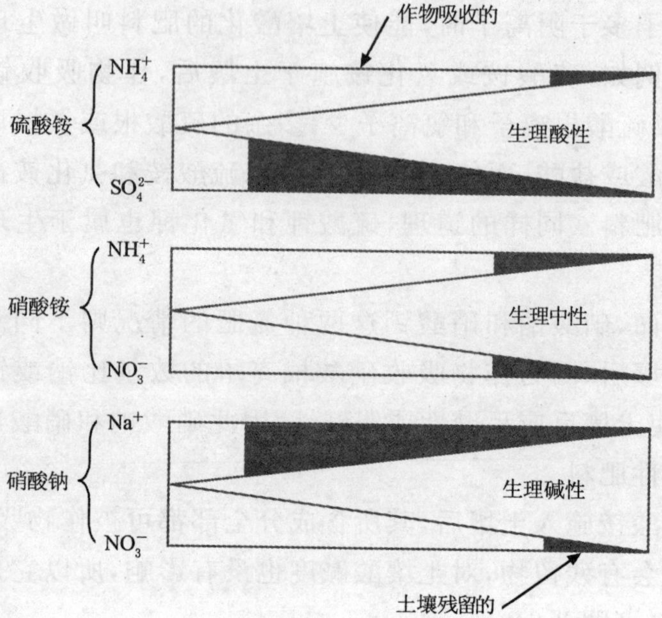

图 3-6 各种氮肥生理反应的示意图

量和品质均有不良影响。在有灌溉条件或降雨量较多的地区，对于一般作物来说，即使常年施用含氯化肥，只要不过量，是不会对作物生长造成危害的。比如在南方酸性土壤上施用含氯化肥，由于雨量充沛，肥料中的氯离子被逐渐淋洗到土壤深层，不会对作物产生不利影响。在北方石灰性土壤上常年施用含氯化肥，残留的氯离子与土壤中的钙离子结合形成氯化钙。在灌溉条件下，氯化钙可被水淋洗到较深的土层中。应该说，只要土壤排水性能良好，氯离子就不会在土壤中积累，也不会给作物造成危害。应该指出，有时有少量的氯离子存在(<100 毫克/千克)对作物生长还有一定的促进作用。

必须指出,盐碱地不应施用含氯化肥,以免加重盐害。另外,在干旱少雨又无灌溉条件的地方也不宜施用含氯化肥。

☞ 34. 施用微量元素肥料应注意哪些问题?

为了提高微量元素肥料的肥效,施用时应注意以下几个问题:

(1)作物对微量元素养分的反应。各种作物对不同种类的微量元素养分有不同的反应,通常应选择相应的微肥施在敏感程度高的作物上。例如,一般油菜对硼很敏感,施硼肥效果很好。

(2)土壤供应微量元素养分的能力。土壤是否缺乏某种微量元素与母质和成土过程有关,而且微量元素的有效性受许多条件的影响,尤其是 pH 值影响最为明显。例如,土壤碱性会降低铁、硼、锰、铜、锌的有效性,而钼的有效性却有所提高。在酸性土壤上,土壤的酸性会增加铁、锰、铜、锌的有效性,而钼的有效性却比较低。所以,施用微肥时应有针对性。

(3)与大量元素肥料配合施用。在生产中作物对大量营养元素需要量大,而且土壤中经常缺少,需要补充,而微量营养元素只有在满足作物对大量营养元素需求的基础上,才会有良好的肥效。因此,微肥应与氮磷钾肥料配合施用。

☞ 35. 施用微量元素肥料常用的方法有哪些?

微量元素肥料有固体和液体两种,施用方法很多,根据不同的条件和目的,可作基肥、种肥或追肥。施用时可直接施入土壤,也可进行种子处理(浸种、拌种)、蘸秧根或叶面喷施。

(1)土壤施肥。一般是在土壤严重缺乏微量元素时,才向土壤施用固体微量元素肥料,且多施用工业上含微量元素的废弃物。土壤施用固体微量元素肥料有后效,一般可每隔3～4年施用1次。

(2)植物体施肥。它是微量元素肥料最常用的施肥方法。一般有以下几种施用方法:①拌种。用少量温水将微量元素肥料溶解,配成较高浓度的溶液,喷洒在种子上,边喷边搅拌,使种子沾有一层微肥溶液,阴干后播种。拌种所用肥料量虽比浸种多,但种子吸水比浸种少,比较安全。拌种时用量一般为每千克种子用微肥2～6克,最好能先作预备试验,确定最适用量。以不影响种子正常出苗为原则。②浸种。用含有微肥的水溶液浸泡种子,使肥料随水进入种皮。微肥浸种常用的浓度是0.01%～0.1%,浸泡时间一般为12～24小时。浸泡后的种子要及时播种,以免霉烂变质。③蘸秧根。这是对水稻及其他移栽作物的特殊施肥方法,操作简便,效果良好。用于蘸秧根的肥料应没有有害物质,酸碱性不可太强。④叶面喷施。叶面喷施微肥是经济、有效施用微肥的方法。固体微肥常用的浓度为0.01%～0.1%,具体用量和喷洒次数应随微肥种类、作物种类、植株大小等而定。液体微肥的稀释倍数以产品使用说明为准。

☞ 36. 土壤施用固体微肥会出现什么问题?

常用的固体微肥有硫酸亚铁、硼砂、硫酸锰、硫酸铜、硫酸锌等。一般土壤施用固体微肥会出现以下问题：

(1)有效性降低。由于受土壤条件，特别是酸碱性的影响，往往会降低微肥的有效性，因而影响其肥效。例如在 pH 值高、含有碳酸钙的土壤中，由于碳酸钙对锌的吸附，会明显影响所施锌肥的有效性。

(2)施用不均匀。因微肥用量少，不易施用均匀，使得局部土壤微肥浓度过高而造成毒害。因为许多微量元素从缺乏到过量之间的浓度范围相当窄，作物忍受高浓度的能力差，极易因局部土壤微肥浓度过高而使作物中毒。

(3)易污染环境。因为许多微量元素既是营养元素，又是重金属，如锌、铜、锰等，一旦施肥过量，很可能污染环境或进入食物链，有碍人畜健康。

相对来讲，叶面喷施液体微肥好处多。只有在土壤极度缺乏微量元素时，才采用施基肥的方式，所施肥料大多为工业上含微量元素的废弃物，如矿渣、含硼污泥等，土壤施用固体微肥有较长的后效，一般可 3～4 年施用 1 次。

☞ 37. 为什么说合理施用微肥是 21 世纪的重要施肥决策？

根据当前农业生产上缺乏微量营养元素的面积越来越大，施用微肥的效果日益明显的情况，合理施用微肥是 21 世纪的重要施肥决策，是出于以下 3 个原因：

(1)作物产量越高，带走的微量元素养分就越多。从植物营养的角度来分析，随着高产良种的推广应用，作物单产不断提高，需要从土壤中带走相当可观的养分，其中自然也包括微量元素养分。因此，需要及时补充微量元素养分，才能进一步提高作物产量。

(2)氮磷钾化肥用量增加，加剧了微量元素供应的矛盾。随着作物单产的不断增加，氮磷钾化肥的每亩投入量也在逐年上升，从而加剧了土壤中营养元素供应的不平衡性，致使各地农田缺乏微量元素的面积逐年扩大，有的土壤还不只缺乏一种微量元素。因此，土壤缺乏微量元素将成为农业生产发展和作物单产提高的重要制约因素。

(3)有机肥料用量减少，微量元素养分难以得到补充。目前各地农田有机肥料的用量明显减少。因此，土壤中微量元素得不到及时补充，从而使作物对微量元素的需求与土壤供应微量元素之间的矛盾日益尖锐。因此，施用微肥具有良好的增产效果。

总之，从养分平衡和平衡施肥的角度出发，可以预期，在增施氮磷钾化肥的基础上，合理施用微肥将是21世纪的一项重要施肥决策。

☞ 38. 为什么在作物生长中后期喷施磷酸二氢钾能增产？

磷酸二氢钾是含磷、钾的二元复合肥料，含磷(P_2O_5)24%，含钾(K_2O)27%，吸湿性小，物理性状好，易溶于水，是理想的叶面喷施的肥料品种。虽然磷酸二氢钾也适于浸种和拌种，但因其价格较贵，最适合用于喷施。

在北方小麦生长的中后期，喷施0.1%～0.2%的磷酸二氢钾溶液，既能补充磷钾养分，又可减轻干热风的危害。磷有利于灌浆期籽粒中淀粉的合成；钾不仅能促进光合作用产物的运输，增加千粒重，而且有明显的抗倒伏作用。在干热风到来之前，喷施磷酸二氢钾因补充了水分，可以减轻干热风的危害，降低灾害性损失；又可补充磷钾营养，有利于小麦灌浆。目前，北京地区很多地方已将中后期喷施磷酸二氢钾溶液作为小麦生产的一项常规措施了。

☞ 39. 复合肥料与单质化肥相比有哪些优缺点？

复合肥料一般是指用化学方法合成的二元复合肥料，如磷酸二铵、硝酸钾和磷酸二氢钾等；而经二次加工配制成的三元肥料称为复混肥料。通过对复合肥料与单质化肥的对比，可更加了解复合肥料的优缺点（附表4）。

（1）复合肥料的优点：①养分种类多，含量高。复合肥料中所含养分种类比较多，有效成分含量也高。例如，磷酸二铵是一种18－46－0的复合肥料，表示该肥料是含氮（N）18%、含磷（P_2O_5）46%的二元复合肥料。它比单质的氮肥或磷肥养分种类多，含量也高。②物理性状较好，施用方便。复合肥料的颗粒比较坚实、无尘，粒度大小均匀，吸湿性小，便于贮存和施用。复合肥料既适于机械化施肥，也便于人工撒施。③副成分少，对土壤无不良影响。单质化肥一般都含有大量副成分。如硫酸铵只含20%的氮素，而其中含有大量硫酸根副成分，除少数缺硫土壤需要补充硫以外，大部分硫酸根存留在土壤中，造成硫资源的浪费；而复合肥料所含养分则几乎全部或大部分是作物所需的，可被作物吸收利用。由于副成分少，对土壤性质基本没有影响。④成本低，效益高。生产1吨20—20—0的硝酸磷肥比生产同样成分的硝酸铵和过磷酸钙可降低成本10%左右。1千克磷酸二铵相当于0.9千克硫酸铵和2.5千克过磷酸钙中所含的养分，而在体积上却缩小了75%，这样可节省运输费用和包装材料等。

(2)复合肥料的缺点：①养分比例固定，难以满足作物的需要。许多作物在各生育阶段对养分的需求并不相同，各地区土壤肥力以及养分释放的状况也有很大的差异。因此，养分比例相对固定的复合肥料难以同时满足各类土壤和各种作物的要求。②各种养分释放速度与作物要求不同步。各种主要养分在土壤中的移动规律各不相同，如氮肥的移动性比磷、钾大，而肥料的后效却远不如磷、钾长。因此，复合肥料在养分所处位置和释放速度等方面很难完全符合作物某一时期对养分的特殊要求。

应该指出，复合肥料应该作基肥施用，可以满足作物中后期对磷、钾养分的需要，而它也是生产复混肥料最重要的基础肥料。

☞ 40. 为什么说复混肥料是当前我国化肥工业的发展方向？

根据土壤类型和供肥状况以及作物的营养特点，发展复混肥料是国外发展复合肥料的重要经验之一。由于复混肥料克服了一般复合肥料的缺点，具有配比多样化、产品系列化的优点，因而有广阔的应用前景。目前我国不少单位也开始生产专用复混肥料，如棉花专用肥、西瓜专用肥等。这和国外发展复混肥料的做法有些相似。生产复混肥料常常需要进行肥料的二次加工。一般用尿素、磷铵和氯化钾或硫酸钾等高浓度化肥作基础肥料，配以单质肥料制成三元复混肥料。这会给农民带来方便，增加效益。所以说，复混肥料是我国化肥工业发展的方向之一。

我国复混肥料起步较晚，发展速度不快。到目前为止，我国复混肥料的生产总量只占国产化肥总量的20%左右，而日本、美国、德国等发达国家，复混肥料的比重均在70%以上，相比之下，差距很大。总之，我国发展复混肥料的潜力很大。

☞ 41. 是不是任何单质化肥都能混合制成复混肥料?

由于单质化肥的性质不同，所以并非任何单质化肥都适合配制成复混肥料。决定肥料能否混合的原则是在混合后应保证：①肥料的物理性状不能变坏；②肥料中的养分不受损失；③肥料在运输和施用过程中不发生析离现象；④有利于提高肥效和工效。

如果达不到上述要求，就不应进行混合。例如，铵态氮肥与碱性肥料混合后易损失氮素；尿素与过磷酸钙直接混合会发生加合反应，而生成溶解度很大的物质，引起潮解吸湿；粒径大小悬殊的肥料混合后容易发生养分析离现象；等等。这些肥料是不能混合的。所以说复混肥料是技术和物质结合的产物，并非像一些人所想的那样，把两三种化学肥料倒在一起，搅拌一下就成了复混肥料。

☞ 42. 我国复混肥料的技术标准是什么？

目前我国生产的复混肥料应符合表 3-1 规定的各项技术标准。

表 3-1 复混肥料技术要求(GB 1506—2001) %

项 目	指标		
	高浓度	中浓度	低浓度
总养分($N+P_2O_5+K_2O$)含量	≥40.0	≥30.0	≥25.0
水溶性磷占有效磷百分率	≥70	≥50	≥40
水分(H_2O)含量	≤2.0	≤2.5	≤5.0
1.00～4.75 mm 或 3.35～5.60 mm 的粒度	≥90	≥90	≥80
氯离子(Cl^-)含量		≤3.0	

注：①组成产品的单一养分含量不得低于 4.0%，且单一养分测定值与标明值负偏差的绝对值不得大于 1.5%。

②以钙镁磷肥等枸溶性磷肥为基础磷肥并在包装容器上注明为“枸溶性磷”，可不控制“水溶性磷占有效磷百分率”指标。若为氮、钾二元肥料，也不控制“水溶性磷占有效磷百分率”指标。

③如产品氯离子含量大于 3.0%，并在包装容器上标明“含氯”，可不检验该项目；包装容器未标明“含氯”时，必须检验氯离子含量。

☞ 43. 应怎样选用复混肥料的品种？

我国土地辽阔，作物种类繁多，应根据不同地区的土壤供肥特点及各种作物对养分的需求特性，有针对性地选用适宜的品种。只有品种选择适宜，才可能明显提高作物产量，充分发挥复混肥料的优越性，否则只会增加生产成本而产量不高。一般粮食作物宜选用氮、磷含量高的复混肥料；豆科作物宜选用磷、钾含量高的复混肥料；对于某些经济作物应选择与土壤、作物相适应的三元复混肥料或含有微量元素的复混肥料。

此外，当地的气候条件、土壤性质等也是很重要的参考因素。例如在南方水稻产区不宜选用硝酸磷肥系列的复混肥料；对于盐碱地或对氯敏感作物，则不能选用含氯的三元复混肥料。还有土壤供肥水平也是重要的参考因素。对三元复混肥料来说，选用不同氮、磷、钾比例的品种应参考土壤供肥的水平。表 3-2 可供选用复混肥料品种时参考。

表 3-2 土壤供磷、钾水平与选用三元复混肥料品种(氮、磷、钾比例)的关系

土壤供钾水平	土壤供磷水平		
	低	中	高
低	1∶2∶2	1∶1∶(1.5～2)	2∶1∶(3～4)
中	1∶(1.5～2)∶1	1∶1∶1	2∶1∶3
高	1∶3∶1	2∶2∶(0.5～1)	2∶1∶(1～2)

☞ 44. 复混肥料的施用技术及应注意的问题是什么？

复混肥料的施用技术可以归纳为以下 3 点：

(1)作基肥或种肥施用。复混肥料应作基肥施用，也可作种肥，作种肥时要注意肥料与种子分开。复混肥料原则上不宜作追肥。因为复混肥料作追肥，磷、钾养分不易发挥肥效，反而造成资源浪费。追肥应以单质氮肥为主。但目前有的复混肥料厂家出于推销产品的目的，往往对农民有误导之嫌。

(2)与单质肥料配合施用。复混肥料的配方虽然是针对作物对养分的需求、土壤供肥特点确定的，但很难完全符合实际的要求，因此在施用复混肥料时，还应根据田间作物的生长状况用单质氮肥调节营养元素的比例，使之最终适合作物营养的要求是非常必要的。

(3)采取相应的施肥方法。复混肥料中所含养分的形态不同，应采取相应的施肥方法。例如，对含铵态氮的复混肥料，应深施覆土，减少养分的损失；对含硝态氮的，应避免施于水田；对含磷、钾养分的复混肥料，应集中施用，并施于根系附近，这样既避免养分被土壤强烈固定，又便于作物吸收利用，提高肥效。

☞ 45. 掺合肥料在制造上有哪些技术要求?

掺合肥料也称 BB 肥，常泛指用机械方法将几种单质或复合肥料掺合在一起的肥料。它也是肥料干混法的一种特殊形式。该法的技术要求是：参与混合的基础肥料应全部是颗粒状的，并且要求颗粒大小大体一致。进行掺合的物料可以是单质肥料，也可以是复合肥料。最常用的基础肥料是磷酸一铵、磷酸二铵、重过磷酸钙、氯化钾、硝酸铵、尿素以及硫酸铵等。

掺合肥料的工艺技术虽然很简单，但必须严格遵守以下一些基本原则：

(1)贮存时间不宜过长。美国的掺合肥料是当日掺混当日用完，不存在存放时间问题。然而，在其他国家，袋装掺合肥料可贮存数月之久。为了保证掺合肥料的肥效，最好不要存放时间过长。

(2)物料应干燥并且颗粒应大致相同，有一定的强度。颗粒大致相同，才能保证粒度间的相合性，避免施用时产生养分析离和偏集使养分分布不匀。物料干燥、有强度是为了颗粒不破碎。

(3)注意物料间的化学相合性。在一些物料间，如尿素和许多盐类混合后会产生加合反应，在相混后能生成溶解度很大的物质，而引起吸湿潮解。即使这些肥料含水量很低，也要尽量避免相混。

掺合肥料能根据不同土壤、不同作物的具体要求进行灵活配制，且加工过程简便，设备投资少。但由于我国基础肥料多为细小晶体，不能完全适合掺合法的要求，所以目前我国掺合肥料仍处于探索阶段。

☞ 46. 为什么大棚(温室)蔬菜施二氧化碳能增产?

二氧化碳(CO_2)是植物生长发育所必需的营养成分。植物吸收二氧化碳和水，在光照条件下，通过叶绿素就可以制造出最简单也是最重要的碳水化合物——单糖。空气中的二氧化碳浓度只有0.03%(300毫克/升)。在大棚(温室)内增加二氧化碳浓度就等于增加了光合作用的原料，因而具有一定的增产效果。

增加二氧化碳的方法很多，有液化二氧化碳(钢瓶装)、二氧化碳发生器和增施有机肥等。目前在生产上采用碳酸氢铵与硫酸反应生成二氧化碳和硫酸铵的方法，简便易行。具体做法是在大棚中，不同位置放置容器，内衬塑料薄膜，放入稀释4倍的硫酸1～2千克，在晴天上午8时左右，向稀硫酸中投入一定量的碳酸氢铵。

人工增施二氧化碳的最适浓度与蔬菜种类、品种和光照强度有关。一般瓜类为1 000～1 300毫克/升，其他蔬菜为600～800毫克/升。

应当指出：①增施二氧化碳时应密封棚膜，并使二氧化碳在植株顶部排放，因为二氧化碳的密度比较大，不易自下而上流动。②春秋季外界气温较高，每天施用2～3小时；冬季气温较低，施用时间可长一些。③二氧化碳吸收量随不同生育期而异，如黄瓜于开花期、结果初期对二氧化碳吸收量急剧增加，因而施用效果较好。④当二氧化碳放完后容器内的硫酸铵残渣还可以作基肥施用。

☞ 47. 大棚蔬菜施肥中存在哪些问题？

大棚蔬菜是一种高产集约化的栽培方式，是一种高投入、高产出、高效益的产业，因此各地发展速度很快。据典型调查发现，大棚蔬菜施肥中存在的问题有：

(1)养分投入大大超过蔬菜需要。根据山东省某市49个大棚黄瓜施肥的实地调查，黄瓜平均产量为6 671.4千克/亩，而施用的化肥数量，氮(N)为131.3千克/亩，磷(P_2O_5)为191.7千克/亩，钾(K_2O)为70.9千克/亩。对比亩产7 000千克大棚黄瓜的养分吸收量，氮(N)为19.1千克/亩，磷

(P_2O_5)为 9.1 千克/亩，钾(K_2O)为 24.3 千克/亩，显然养分投入大大超过蔬菜的实际需要（氮为 5.87 倍、磷为 20 倍、钾为 1.9 倍）。这种施肥现状不能认为是合理的。

(2)养分投入极不平衡。大棚蔬菜氮的投入普遍偏高，最低为每亩 52.39 千克氮(N)；最高的为每亩 134.91 千克氮，平均为每亩 89 千克氮；磷的投入差别很大。最少的每亩只有 16.09 千克磷(P_2O_5)，最多的每亩高达 150.24 千克；钾的投入普遍很少。一般在每亩 15.17～61.08 千克钾(K_2O)之间。显然养分投入极不平衡，因而存在一定的盲目性。

(3)氮肥利用率很低。上述施肥量加上有机肥的投入才换来 8 664 千克蔬菜产量，从大棚蔬菜实际吸收养分来看，投入大于实际吸收若干倍，因而氮肥利用率明显降低。由于化肥施用不合理，极易造成耕层土壤高浓度的盐害，从而引起产量和品质的下降。

应该指出，大棚蔬菜生产中如何节约肥料成本，调整养分比例，保证蔬菜高产、优质、高效是值得重视并应研究解决的问题。当然，首先要解决“效益好多投肥不在乎”的认识问题。

☞ 48. 叶面肥的种类、效果和特点有哪些？

作物不仅可以通过根系吸收养分，而且也可以通过茎叶吸收养分，前者的施肥叫做根部施肥，也叫土壤施肥，而后者的施肥则称为根外施肥，也称叶面施肥。不同营养元素两种施肥方式各有侧重，比如，大量营养中的氮、磷、钾因作物对他们的需要量大，应以根部施肥为主，根外施肥为辅；相反，作物对微量元素的需要量很少，主要应采用叶面施肥的方式，避免土壤对养分的固定，从而有利于提高微肥的使用效果。

为了适应农业生产发展的需要，从20世纪80年代以来，叶面施肥很受农民欢迎，因此叶面肥就成为一种产业应运而生。由于生产叶面肥的投资少、效益高，因此，发展很快，从最早上市的“喷施宝”一枝独秀，到现在的品种繁多，良莠不齐。目前叶面肥缺乏品牌和名牌，给叶面肥市场造成一定混乱，也给农民选购叶面肥带来不少麻烦。农民那种怕上当，怕费事，从而“因噎废食”不用叶面肥的想法和做法都是不对的。

叶面肥的种类很多，品种各异。①从营养成分来分，有大量元素(N、P、K)的，也有微量元素的(以微肥为主)。②从产品剂型来分，有固体的、液体的，也有特殊工艺制成的膏状的，如云南产的容大丰膏肥。③从产品构成来看具有复合化的特征，一般将氮磷钾、微肥与氨基酸、腐殖酸或有机络合物复合形成多元、复合的叶面肥。例如，北京产的氨基酸液肥，云南产的以腐殖酸为特色的容大丰膏肥，以及北京产的燕都牌络合肥等。

使用叶面肥的效果主要表现在：①提高产量，增产幅度大；②改善农产品的内在和外在品质；③投入产出比例高，经济效益好，国外称之为增值肥料；④抗逆性提高，减少灾害性损失；⑤优质叶面肥绿色安全，属环保型肥料。

农民除应正确认识叶面肥的效果外，在选购叶面肥时要注意不要单纯考虑它的价格高低，而要看重它对作物增幅的大小，总之投入产出比的大小是叶面肥优劣的“试金石”。“实践是检验真理的唯一标准”，符合上述要求的叶面肥就是优质叶面肥，自然会受到广大农民的欢迎。此外，一般叶面肥为酸性的，可与农药（石灰硫磺合剂除外）混合使用，从而解决了农民（特别果农）怕麻烦的顾虑。

☞ 49. 怎样正确认识和合理使用冲施肥？

冲施肥是近几年发展起来的一种施肥方法，它常用于蔬菜保护地栽培中，是一种主要的追肥手段。这项技术是将肥料溶于水后，随水冲施到栽培地中。考虑到大棚土壤一般含磷丰富的特点，因此对冲施肥的技术要求是：①肥料应是全溶性的，一般不含或少含会残留于土壤的副成分；②肥料配方中磷的含量宜少不宜多；③不易发生突发性浓度障害；④氮素具有持续的效果。

果菜冲施肥的养分配方，N、P_2O_5、K_2O 总养分为45%，根据果菜类蔬菜的营养要求，确定冲施肥的配方为18－6－21，当然根据大棚土壤的具体情况配方也可作适当调整。总之，应选用氮钾含量高的冲施肥，否则对磷资源是个浪费。为了防止蔬菜发生浓度障害，冲施肥中的钾源宜选用硫酸钾或硝酸钾而尽量不用氯化钾。其中氮源也尽量少用氯化铵，一般控制在20%以内，硝态氮为10%，其他的氮为尿素；冲施肥中的磷素由磷酸一铵提供。这样设计的冲施肥，有利于蔬菜的生长发育。

在使用冲施肥过程中应防止出现的偏向有：①使用单质的尿素、磷肥和钾肥，容易造成盐类浓度过高的障害；②由于一般的复混肥不是全溶性的，往往会产生过多的不溶物；③选用冲施肥的养分比例不适合冲施肥高氮低磷高钾的要求。

在正确使用冲施肥的情况下，冲施肥应具有以下四大优点：①施肥均匀，不烧根；②施肥方便，不伤根；③作物吸收养分快，肥料利用率高；④有利于提高产量、改善产品的品质和增加经济收益。但是，一般冲施次数不宜过多，以免蔬菜徒长。

☞ 50. 怎样评价化肥在农业生产中的积极作用？

“化肥是污染环境的罪魁祸首”的论调，一时间闹得沸沸扬扬，其实这是一种歪曲、误导和不实之辞。环境污染是不合理施用化肥的恶果，而不是化肥本身的罪过。为此，必须积极宣传和正确评价化肥在农业生产中的积极作用，以正视听。

化肥在农业生产中有以下积极作用：

(1)能增加作物产量。据有关资料，化肥在各项增产因素中的作用占40%～60%。国外如此，我国也不例外，一般中低产田(无限制因子时)化肥的增产作用大于高产田。合理施用化肥是农业可持续发展的物质保证。

(2)可提高土壤肥力。农民对施用有机肥料能提高土壤肥力深信无疑，但化肥的后效易被人忽视，连续多年合理施用化肥后效将叠加，生产实践证明耕地肥力不但能保持而且能越种越肥。不同年代无肥区作物单产呈现不断增加的趋势是生产力不断提高的有力证据。

(3)能发挥良种潜力。一般高产品种可以认为是对肥料高效应的品种，肥料投入水平成为良种良法栽培的一项核心措施。

(4)可增加有机肥数量。化肥既可促进当季作物增产,作物的秸秆和根茬又可为下一季作物增加有机肥源,概括为以“无机”换“有机”。有机肥成为化肥养分不断再利用的载体,充分利用有机肥源,不仅可以发挥有机肥的多种肥田作用,而且也是使用相当数量的化肥养分能持续再利用的基本途径。

(5)可补偿耕地不足。我国耕地由于多种原因正在逐渐减少。对农业增加化肥施用量,实质上与扩大耕地面积的效果相似。按我国近年的平均肥效,每吨化肥养分增产粮食7.5吨,若每公顷耕地的粮食单产也是7.5吨,则每增施1吨化肥养分,相当于扩大耕地面积1公顷。

(6)是发展经济作物、森林和草原的物质基础。我国在农业实现良种化、持续提高施肥量、获得粮食连年丰收的基础上,我国经济作物获得大幅度发展。粮食的丰收有力地促进了退耕还林、退耕还草的大面积实施,因而对生态环境的改善作用巨大,难以取代。

四、施肥理论与技术

☞ 1. 农业生产中为什么要强调合理投肥?

随着每年从土壤收获作物,必然要从土壤中带走大量养分,作物产量越高,带走的养分数量也越多。土壤虽然是作物的养料"库",但"库"的容量再大,如果只吸取而不补充养分,库中养分总有一天会消耗完的。当然土壤养分耗竭,土壤变为不毛之地的时间是很长的,但可能性却始终存在。了解了这个道理,人们就不难理解,农业生产为什么要强调投肥了。因为作物产量是拿养分换来的。通过施用有机肥料或化学肥料把养分归还给土壤,就可达到恢复或提高地力和保证作物单产逐年增加的双重目的,使农业得以可持续发展。这就是搞好农业生产一定要强调投肥的科学道理。养分归还学说已被农业生产实践证明是正确的施肥理论。

应当指出:①养分归还的主要方式是合理施用化肥,因为它是提高作物单产和扩大物质循环的保证。②对农民应多做科普宣传,增强投肥意识,把科技兴农落到实处。

☞ 2. 合理施肥为什么要强调针对性?

有农民反映:同一种化肥施在孬地上效果很好,可施在好地里效果就不好。这是为什么呢？这是因为土壤中养分的状况不同。说到底，是因为作物产量的高低受土壤中相对作物而言含量最少的养分的制约。最小养分律告诉我们，施肥一定要有针对性。

有人用贮水桶进行图解（图 4-1），使这一施肥理论更加通俗易懂了。图中的木桶是由代表不同养分含量的木板组成的。贮水量的多少，即水平面的高低表示作物产量的高低，也就是说，作物产量的高低取决于表示最小养分的最短木板的高度。它反映了在土壤贫瘠和作物产量很低的情况下，只要针对性地增施少量肥料，补充最小养分，往往可以获得极显著的增产效果的客观事实。应当指出：

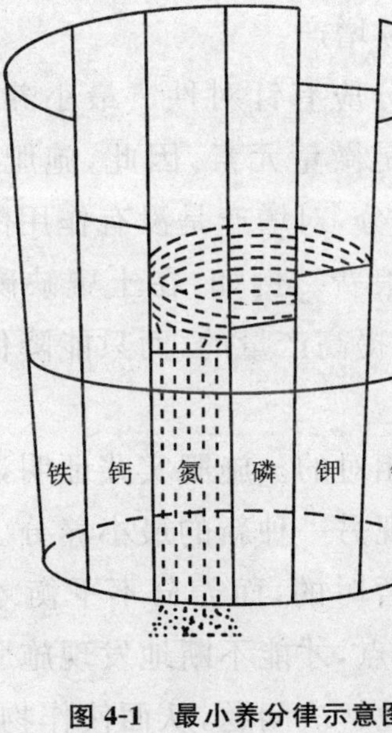

图 4-1　最小养分律示意图

(1)最小养分并非一成不变。最小养分并不是固定不变的,它随着生产条件的变化而变化。例如20世纪50年代,农田土壤普遍缺氮,氮就成为当时限制作物产量提高的最小养分,因此,当时对大多数土壤和作物来说,施用氮肥的增产效果非常显著;到了60年代,随着生产水平的提高和氮肥施用量的增加,不少地区氮肥初步得到满足,但土壤中的磷没有得到补充,使得磷成了限制产量提高的新的最小养分,因此,在施用氮肥的基础上增施磷肥,使氮、磷养分比例趋于平衡,从而获得了较好的增产效果;到了70年代,随着农业生产的进一步发展和复种指数相应提高,长江以南地区,仅施氮、磷肥料往往不能提高作物产量,只有在此基础上,配合施用适量钾肥,才能保证作物持续增产。

(2)补充最小养分应有针对性。最小养分可以是氮、磷、钾大量元素,也可以是微量元素,因此,施肥要有针对性。补充最小养分以外的养分,对增产是没有作用的,反而会降低其利用率,造成资源的浪费。例如,在土壤缺磷的情况下,增施氮肥是不可能进一步提高产量的,而只能降低氮肥利用率,增加生产成本。

(3)养分平衡是相对的。施肥实践证明,一种最小养分得到补充以后,还会出现另一种新的最小养分。这就表明,土壤养分平衡是相对的、暂时的,而养分不平衡才是绝对的、长期的。运用这种辩证观点,才能不断地发现施肥中的新问题,又通过科学施肥,不断地解决问题,从而使作物产量逐步提高成为可能。

☞ 3. 什么叫肥料报酬递减？它对施肥有什么指导意义？

为了说明肥料报酬递减问题，现举一个生活中的例子。

现代化养鸡场的鸡一般都是饲养 40～50 天就上市，这是为什么呢？不是鸡不能再长，而是再养就不合算了。这里面有个饲料报酬递减问题。这就是说，小鸡每天喂的饲料少，而日增重快，而大鸡每天吃的饲料多，日增重却很慢。单位饲料的增重就是饲料报酬。在一定的饲养期内，饲料报酬是递增的，而超过一定的饲养期后，饲料报酬就逐渐下降了。当下降到饲料报酬出现负值时，就要亏本了。出于经济效益的考虑和商品上市的标准，一般肉鸡饲养 40～50 天后就上市是科学的。

施肥和养鸡一样，也有肥料报酬递减问题。它都反映了投入、产出关系中报酬递减的本质。由于生产中除施肥外，其他生产条件都是相对不变的，这就是肥料报酬递减产生的前提。因此，肥料报酬递减是普遍存在的客观规律（图 4-2 和图 4-3）。

从图 4-3 可以看出，总产量随施肥量增加而增加（a），在达到最高产量之前，尽管肥料报酬（即边际产量）在递减（b），但仍然是正效应，此阶段为合理施肥阶段；当超过最高产量之后，肥料报酬则出现负效应，此时总产量则随施肥量增加而减少，此阶段为不合理施肥阶段。因此，报酬递减律告诫人们，施肥要有限度，不是施肥越多越好，超过合理施肥的限度即最

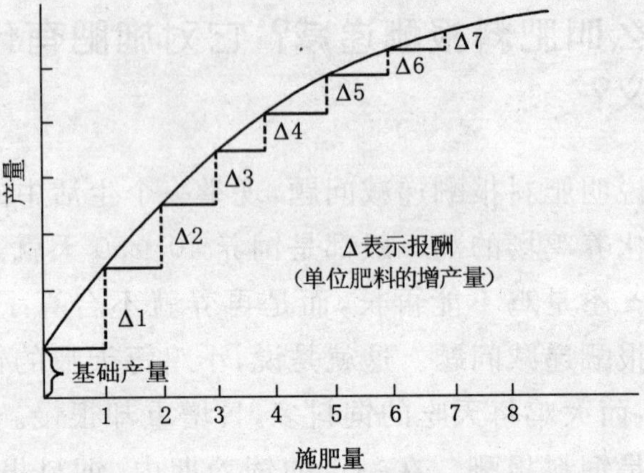

图 4-2　肥料报酬递减律的示意图

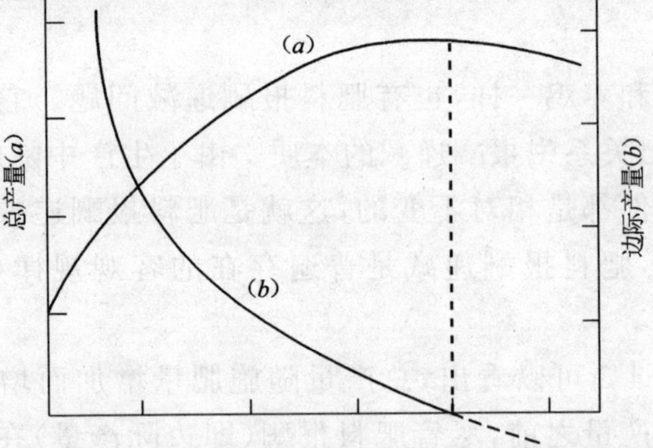

图 4-3　总产量、边际产量和施肥量的关系

高产量时的施肥量(也称最大施肥量)就是盲目施肥。这是合理施肥中必须严格遵守的一条原则。

应当指出:①在合理施肥的范围内,报酬递减不等于盲目施肥,而是客观规律。②在生产实践中,其他生产条件常处于相对稳定的状态,所以,报酬递减律确实在起作用,应从主观上应避免盲目施肥。③这一客观规律并不可怕,可怕的是不认识这一规律的存在,势必陷入"施肥越多越增产"的误区。这也是出现盲目施肥的主观原因。

☞ 4. 在不增加施肥量的情况下,能提高肥料的增产效果吗?

因子综合作用律也是施肥的重要原理。它的中心意思是:作物丰产是作物生长发育的诸多因子综合作用的结果,但其中必然有一个起主导作用的限制因子,产量在一定程度上受主导因子的制约。为了充分发挥肥料的增产作用和提高肥料的经济效益,不仅必须要重视各种养分之间的配合施用,而且必须要使施肥措施与其他农业技术措施密切配合。现以施肥和灌溉对玉米产量的影响(表 4-1)为例来说明。

表 4-1 施肥和灌溉对玉米产量的影响

处 理	灌溉情况	产量(千克/亩)
未施肥	未灌溉	315
	灌溉	385
施肥①	未灌溉	374
	灌溉	667

注:①亩施 N 6.7 千克;P_2O_5 6.7 千克;K_2O 4 千克。

从表4-1的产量分析来看，灌溉的效应仅为70千克/亩，施肥的效应仅为59千克/亩，两者结合的效应则为352千克/亩，可见，灌溉与施肥相结合的增产作用远大于灌溉或施肥单一措施增产效果的总和，水肥的交互效应是十分显著的。因此，利用水肥之间的交互效应，即可在不增加施肥量的前提下提高肥料的增产效果。

此外，养分和养分之间，如氮肥和磷肥配施，氮、磷肥和钾肥配施等也有交互效应。因此，推行平衡施肥以及施肥与农业技术措施相配套，无疑对获得高产有十分重要的作用，即使在不增加施肥量的情况下，也能提高肥料的增产效果。

☞ 5. 我国肥料技术政策的要点是什么？

1983年5月国家科委制定的中国肥料技术政策，其要点是：在有机肥料的基础上，实行有机肥与化肥配合施用。这是指导作物合理施肥、科学用肥以及建设高产稳产农田的重要依据。

这一技术政策是符合我国国情，从国家根本利益出发的施肥策略，而不是因化肥供不应求的权宜之计。其理由是：

(1)我国目前可开垦的荒地不多，发展农业生产只能走提高作物单产的道路。实行有机肥与化肥配合施用，不仅显示了化肥投入是保证作物高产的物质基础，而且也表明合理利用有机肥源是建设高产稳产农田的重要措施。

(2)我国有机肥源种类多、数量大，合理利用有机肥源，可以充分发挥它在平衡养分中的重要作用，变废为宝，使有限的资源得以循环利用。目前作物所需要的大部分钾，在很大程度上还要靠有机肥料补充。

(3)减少厩肥、鸡粪等有机肥料对环境的污染，有利于提高环境质量和生态效益。

☞ 6. 为什么要强调化学肥料与有机肥料配合施用?

化学肥料与有机肥料配合施用是一项科学施肥的决策。这是由有机肥料和化学肥料的性质与特点所决定的。现就有机肥料和化学肥料的特点，对比分析如下：

(1)优质有机肥料大都含有大量的有机物质，常年施用优质有机肥料，不仅能增加土壤有机质的含量，并能使土壤有机质得到不断更新，从而使土壤的理化性质有所改善，因而有明显的改土作用；而化学肥料不含有机质，一般没有直接的改土作用。这说明有机肥料是建设高产稳产农田的基础物质。

(2)有机肥料种类繁多，所含养分全面，人们常称它为完全肥料，但是有机肥料的养分含量很低：大约 1 000 千克优质厩肥中只含有 5 千克氮素(N)；而化学肥料养分含量高，100 千克尿素中就含有 46 千克的氮素，1 000 千克中，含氮素 460 千克，是厩肥的 92 倍。不过，化学肥料的缺点是它所含养分的种类比较单一。就拿尿素来说，它只含氮、磷、钾三要素中的氮素，不含磷和钾，而过磷酸钙中只含磷，不含氮和钾，单独施用不能满足作物的需求。

(3)有机肥料中的养分大多是有机态的，需要经过土壤微生物不断分解，才能转变为作物可以吸收利用的养分，因而有机肥料的肥效缓慢，但持续时间长，并有后效；而大多数化学肥料中所含养分是水溶性的，作物可以直接吸收利用。所以，化学肥料的肥效迅速，见效快，能在作物最需要养分的时候提供较多的养分，但它的肥效短，不能持久。由此可见，合理施用化肥是提高作物单产的物质保证。

(4)有机肥料需要经过分解和转化，才能释放出养分供作物吸收，因此，有机肥料当季利用率不高。例如腐熟的有机肥料的氮素利用率只有20%～30%，但它分解时养分损失少，供肥时间长；而化学肥料中的养分含量高，大部分是速效养分，易通过挥发、淋失(尤其是氮肥)等途径而损失，从而导致当季肥料利用率不高。例如，氮肥利用率一般在35%左右，磷肥为10%～25%，钾肥在40%以上。

通过两者的比较，不难看出，有机肥料和化学肥料各有优缺点，而且有机肥料的某些优点，正是化学肥料的缺点，而化学肥料的某些优点正是有机肥料的缺点。因此，两者配合施用就可以相互取长补短，充分发挥各自的特点。这就是二者配合施用的必要性和科学道理。

☞ 7. 为什么强调增施有机肥料是农田基本建设的一项重要措施?

有机肥料与化学肥料的最大区别是含有大量的有机质，而有机质经过微生物分解，产生一种新的有机物质，叫做腐殖质。腐殖质是一种有机胶体物质，带有大量的负电荷，因而具有吸附大量阳离子和水分的能力，因此土壤中腐殖质多了，土壤保水、保肥的能力也就提高了。长期生产实践证明，增加农田土壤有机质含量是培肥土壤、提高肥力的有效手段，是作物高产、稳产的重要保证。许多高产田、菜园土都是由于采用增施有机肥和合理施用化肥相结合的办法，使土壤越种越肥，产量越来越高，品质越来越好。因此，必须重视对有机肥源的利用，其中包括增施有机肥料、秸秆还田和种植绿肥等，只有提高对增加农田有机质重要性的认识，才能把农田基本建设工作搞好。一旦建成高产稳产农田后，不仅能增强抗旱防涝能力，而且还可提高化肥的肥效，节省化肥用量，真是一举多得的大好事。

☞ 8. 为什么说“有机农业”不适合我国国情？

防止污染，保护环境是当前国内外普遍关注的问题。怎样才能做到这一点呢？国外有少数人认为，农业生产上施用的化肥和农药是环境污染的罪魁祸首，因而提出以不用化肥，不打农药，强调以有机物质循环为特点的“有机农业”口号，主张以施用有机肥料为主，利用豆科作物增加土壤氮素等做法进行农业生产。在外国主张有机农业也只是一种学派，并非已在全国大面积推广。“有机农业”乍听起来似乎很有道理，但仔细一想，就很难接受了。必须指出，实行有机农业也是有前提的。前提是：必须要有发达的畜牧业，才能提供大量的有机肥料；而发展畜牧业需有足够的土地种植牧草。有机农业强调施用有机肥料而不施化学肥料，其结果必然是产量低。因而它不能解决我国由于人口增加、耕地减少与对粮食需求增长之间的矛盾。也就是说,有机农业的显著特点是作物产量低,因而解决不了人们吃饱的大问题,所以有机农业不适合我国国情。

现代农业的明显标志是通过先进的科技手段,其中包括合理施用化肥,才能使作物产量逐步提高,亩产千斤的小麦早已成为事实。据统计,农业增产份额中化肥的贡献占40%~60%。可见,合理施用化肥是提高作物单产的物质保证。

世界上有化肥以来距今才有160多年的历史,我国古代传统农业走的就是有机农业的道路,那时全靠有机肥料来维持农业生产,所以作物单产很低,但由于当时人口少,耕地较多,矛盾并不突出。历史的经验告诉我们,现代农业必然替代传统农业,时代在发展,科技在革新,要想在我国推行有机农业是行不通的。

☞ 9. 合理施用化肥为什么是今后农业可持续发展的一项战略决策?

合理施用化肥的重要性可以从以下几个方面来说明:

(1)我国人口多,土地少,耕地后备资源不多,提高农产品的总产量主要依靠提高作物单产。因此,增施化学肥料是必不可少的。

(2)我国大部分耕地潜在肥力比较低,要提高作物产量,必然对化学肥料有很大的依赖性。只有作物单产提高了,才能使耕地逐步肥沃起来。

(3)我国畜牧业还不发达,森林覆盖面积不大,这对于有机物和营养元素的循环和再利用都是不利的。因此,通过施用化肥扩大物质和能源的投入,是大幅度提高作物单产的必由之路。

(4)近年来,我国绿肥种植面积逐年下降,出现土地用多养少,并加速了土壤中有机质和氮素的消耗。因此,在绿肥种植面积尚未恢复和发展之前,必须增加化肥的投入,以补偿土壤氮素的亏缺。

必须指出,强调化肥投入的重要性,目的在于增强农民科学施肥的意识,并非不需要施用有机肥料,它们二者的关系是相辅相成的,而不是相互对立的。在充分利用有机肥源的同时,合理施用化肥才是今后农业可持续发展的一项战略决策。

☞ 10. 施肥技术一般包括哪些内容?对施肥效果有什么影响?

施肥技术主要包括:肥料种类、施肥时期、施肥方式与方法、施肥数量、养分配比以及施肥位置等。施肥技术是上述内容的总称。施肥效果是各项施肥技术的综合反应,但是在配方施肥技术中,确定施肥量是核心问题。因为其他施肥技术的效果只有在适宜施肥量的前提下才有意义。如果施肥量定得太高,在肥料浪费已成定局的情况下,其他施肥技术再好也是没用的。所以经济合理施肥既要保证作物有必要的营养,又要减少肥料损失和节省肥料的投资。这在当前高产、优质、高效农业中具有十分重要的意义。

☞ 11. 为什么说配方施肥是我国施肥技术的重大改革?

20 世纪 80 年代,广大土肥工作者在总结农民施肥经验和存在问题的基础上提出了一套确定施肥量的科学方法,即配方施肥技术。配方施肥是综合运用现代农业科技成果,根据作物需肥规律、土壤供肥性能和肥料增产效应,在有机肥料为基础的前提下,提出的氮、磷、钾和微肥适宜用量和比例以及相应的施肥技术。

根据《配方施肥技术工作要点》(1985 年 5 月制定),我国配方施肥方法归纳为三大类 6 种方法:第一类,地力分区(级)配方法;第二类,目标产量配方法,其中包括养分平衡法和地力差减法;第三类,田间试验配方法,其中包括养分丰缺指标法、肥料效应函数法和氮、磷、钾比例法。在确定施肥量的方法中以养分丰缺指标法、养分平衡法和肥料效应函数法应用得最广泛。

与经验施肥相比,配方施肥的显著特点是施肥定量化,它对克服盲目施肥发挥了一定的作用。生产实践证明,配方施肥与农民经验施肥相比,具有增产、节肥和增收的综合效果,一般可增产 10%,节省氮肥 10%。所以说,配方施肥是我国施肥技术的重大改革。

☞ 12. 什么是养分丰缺指标法? 对这一方法应怎样评价?

(1)基本原理。养分丰缺指标法是利用土壤养分测定值与作物吸收养分量(或产量)之间存在相关性的原理,通过田间试验,把土壤养分测定值按作物相对产量的高低分等。当取得某一土壤的养分测定值后,即可了解到土壤中该养分的丰缺情况以及应施肥料数量的大致范围。应该指出,这一方法所确定的施肥量只能达到半定量的精度。

(2)指标的确定。养分丰缺指标是土壤养分测定值与作物产量之间相关性的一种表达形式。确定土壤某种养分含量的丰缺指标,应先在不同肥力水平的土壤上进行全肥区(施该种养分)和缺素区(不施该种养分)的多点试验,同时测定各点土样的速效养分含量,取得全肥区和缺素区的成对产量后,用相对产量的高低来表示养分丰缺的状况。

例如,确定土壤磷的丰缺指标时,可设置缺磷(施氮、钾、肥)区和全肥(施氮、磷、钾肥)区两个处理,收获后用缺磷(施氮、钾肥)区作物产量占全肥(施氮、磷、钾肥)区作物产量的份额表示相对产量。其他养分丰缺指标的确定可依此类推。磷的相对产量的表达如下:

$$相对产量=\frac{缺磷区产量}{全肥区产量}\times 100\%$$

从多点试验中,取得一系列不同含磷水平土壤的相对产量后,以相对产量为纵坐标,以土壤养分测定值为横坐标,制成相关曲线图(图 4-4)。

按照我国建议标准,以相对产量在 50%以下的土壤养分含量为“极缺”,50%~70%为“缺乏”,70%~90%为“中等”,>90%为“丰富”确定养分丰缺指标。土壤养分丰缺程度可以直观地反映施肥的效果。一般来说,当土壤养分测定值达到

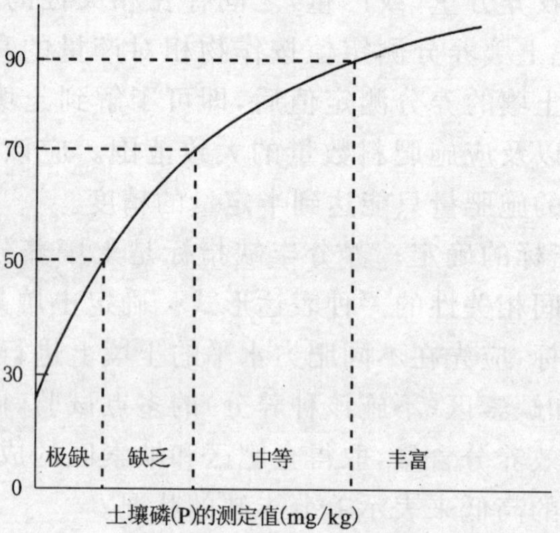

图 4-4 作物相对产量与土壤养分测定值的关系

"丰富"时，说明施肥效果不显著，就可暂时不施含该种养分的肥料；在"中等"范围内，说明施肥有一定的效果，可以根据具体情况适当施用。在"缺乏"范围内，则表明施肥效果很显著，应增加施用量。

(3)方法评价。①由于制定养分丰缺指标的试验设计只用了一个水平的施肥量，因此，此法基本上还是定性或半定量的，只有在不同土壤测定值范围内，布置多水平的肥料田间试验，才能进一步确定肥料的适宜用量。②此法的优点是直观性强，定肥简捷方便；但缺点是确定施肥量的精确度较差。③由于耕层(0～20 厘米)土壤速效氮的测定值与作物产量之间的相关性较差，所以它不适用于确定氮而只适用于确定磷、钾和微量元素的丰缺指标。

☞ 13. 什么是养分平衡法？它有什么优缺点？

(1)基本原理。养分平衡法也称目标产量法。它是以实现作物目标产量所需养分量与土壤供应养分量的差额作为施肥的依据，以达到养分收支平衡的目的。

(2)施肥量计算。

$$\text{施肥量（千克/亩）}=\frac{\left(\begin{array}{l}\text{目标产量}\times\text{单位产量养分}\\\text{吸收量（千克/亩）}\end{array}\right)-\left(\begin{array}{l}\text{土壤养分测定值}\times 0.15\\\times\text{土壤养分利用系数}\end{array}\right)}{\text{肥料中养分含量（\%）}\times\text{肥料当季利用率（\%）}}$$

式中：目标产量可以当地前 3 年平均产量为基础，增加 10%～15%的增产量确定。单位产量养分吸收量，大田作物和商品菜的单位产量养分吸收量如表 4-2 和表 4-3 所示。土壤养分利用系数，一般贫瘠的田块，土壤养分测定值很低，土壤养分利用系数应取＞1 的数值，否则施肥量过大；反之，肥沃土壤（包括菜园土壤）养分测定值很高，土壤养分利用系数应取＜1 的数值（表 4-4），否则施肥量将出现负值。0.15 为毫克/千克换算成千克/亩的因数。

(3)方法评价。①养分平衡法的优点是概念清楚，容易掌握。一般不必做肥料田间试验就可估算出施肥量，比较省事。②缺点是土壤养分测定值只是一个相对量，不能直接换算出绝对的土壤供应养分量，需要用利用系数加以调整。③此法的精确度受各个参数的影响较大，所以计算出的施肥量仅是一个概数。如果各项参数都比较合理可靠，此法在配方施肥中仍有较好的应用价值。

应该指出的是，该法计算出的施肥量为化肥用量，有机肥料中的养分量应适当扣除，否则施肥量将偏高。

表 4-2 不同作物形成 100 千克经济产量所需要的养分数量 千克

作物	收获物	从土壤中吸取氮、磷、钾的数量①		
		氮(N)	磷(P_2O_5)	钾(K_2O)
水稻	稻谷	2.10	1.25	3.13
冬小麦	子粒	3.00	1.25	2.50
春小麦	子粒	3.00	1.00	2.50
大麦	子粒	2.70	0.90	2.20
荞麦	子粒	3.30	1.60	4.30
玉米	子粒	2.57	0.86	2.14
谷子	子粒	2.50	1.25	1.75
高粱	子粒	2.60	1.30	3.00
甘薯	块根②	0.35	0.18	0.55
马铃薯	块茎②	0.50	0.20	1.06
大豆③	豆粒	7.20	1.80	4.00
花生	荚果	6.80	1.30	3.80
棉花	子棉	5.00	1.80	4.00
油菜	菜子	5.80	2.50	4.30
芝麻	子粒	8.23	2.07	4.41
向日葵	子粒	6.22	1.35	14.60
烟草	鲜叶	4.10	1.00	6.00
大麻	纤维	8.00	2.30	5.00
胡麻	纤维	6.20	1.25	2.75
黄麻	纤维	1.94	0.80	4.50
红麻	纤维	3.00	1.00	5.00
甜菜	块根	0.40	0.15	0.60

注：①包括相应的茎、叶等营养器官养分数量；

②块根、块茎为鲜重，子粒为风干重；

③大豆、花生等豆科作物，从土壤中吸收其所需氮素的 1/3 左右。

表 4-3 形成 1 000 千克商品菜所需养分总量 千克

蔬菜种类	收获物	养分需要的大致数量		
		氮(N)	磷(P_2O_5)	钾(K_2O)
大白菜	叶球	1.8～2.2	0.4～0.9	2.8～3.7
油菜	全株	2.8	0.3	2.1
结球甘蓝	叶球	3.1～4.8	0.5～1.2	3.5～5.4
花椰菜	花球	10.8～13.4	2.1～3.9	9.2～12.0
菠菜	全株	2.1～3.5	0.6～1.8	3.0～5.3
芹菜	全株	1.8～2.6	0.9～1.4	3.7～4.0
茴香	全株	3.8	1.1	2.3
莴苣	全株	2.1	0.7	3.2
番茄	果实	2.8～4.5	0.5～1.0	3.9～5.0
茄子	果实	3.0～4.3	0.7～1.0	3.1～5.6
甜椒	果实	3.5～5.4	0.8～1.3	5.5～7.2
黄瓜	果实	2.7～4.1	0.8～1.1	3.5～5.5
冬瓜	果实	1.3～2.8	0.5～1.2	1.5～3.0
南瓜	果实	3.7～4.8	1.6～2.2	5.8～7.3
架云豆	豆荚	3.4～8.1	1.0～2.3	6.0～6.8
豇豆	豆荚	4.1～5.0	2.5～2.7	3.8～6.9
胡萝卜	肉质根	2.4～4.3	0.7～1.7	5.7～11.7
水萝卜	肉质根	2.1～3.1	0.8～1.9	3.8～5.1
小萝卜	肉质根	2.2	0.3	3.0
大蒜	鳞茎	4.5～5.1	1.1～1.3	1.8～4.7
韭菜	全株	3.7～6.0	0.8～2.4	3.1～7.8
大葱	全株	1.8～3.0	0.6～1.2	1.1～4.0
葱头	鳞茎	2.0～2.7	0.5～1.2	2.3～4.1
生姜	块茎	4.5～5.5	0.9～1.3	5.0～6.2
马铃薯	块茎	4.7	1.2	6.7

资料来源:《中国肥料》蔬菜施肥部分;《蔬菜配方施肥》第 75 页;《肥料手册》第 7 页;《蔬菜施肥原理与技术》第 2 页;《菜园土壤肥力与蔬菜合理施肥》第 110 页。

表 4-4 不同肥力菜地的土壤养分利用系数

蔬菜种类	土壤养分	不同肥力土壤的养分利用系数		
		低肥力	中肥力	高肥力
早熟甘蓝	碱解氮	0.72	0.58	0.45
	速效磷	0.50	0.22	0.16
	速效钾	0.72	0.54	0.38
中熟甘蓝	碱解氮	0.85	0.72	0.64
	速效磷	0.75	0.34	0.23
	速效钾	0.93	0.84	0.52
白菜	碱解氮	0.81	0.64	0.44
	速效磷	0.67	0.44	0.27
	速效钾	0.77	0.45	0.21
番茄	碱解氮	0.77	0.74	0.36
	速效磷	0.52	0.51	0.26
	速效钾	0.86	0.55	0.47
黄瓜	碱解氮	0.44	0.35	0.30
	速效磷	0.68	0.23	0.18
	速效钾	0.41	0.32	0.14
萝卜	碱解氮	0.69	0.58	—
	速效磷	0.63	0.37	0.20
	速效钾	0.68	0.45	0.33

资料来源:《菜园土壤肥力与蔬菜合理施肥》第 61 页(谢建昌等,1997)。

☞ 14. 什么是肥料效应函数法？它有什么优缺点？

肥料效应函数法是配方施肥中技术难度较大,而反馈性很好的方法,因而也称它为优化配方法。

(1)基本原理。肥料效应函数法是以田间试验为基础,采用先进的回归设计，将不同处理得到的产量和相应的施肥量进行数理统计，求得在供试条件下产量与施肥量之间的数量关系，即肥料效应函数或称肥料效应方程式。从肥料效应方程式中不仅可以直观地看出不同肥料的增产效应和两种肥料配合施用的交互效应，而且还可以通过它计算出最大施肥量和最佳施肥量，作为配方施肥决策的重要依据。

(2)施肥量的计算。①最大施肥量是指单位面积获得最高产量的施肥量，即合理施肥量的上限。一般可根据边际产量(即肥料报酬)等于零的原则计算。②最佳施肥量是指单位面积获得最大经济效益的施肥量。一般可按边际收益等于边际成本的原则计算。由于施肥量的具体计算涉及高等数学问题，此处从略。

(3)方法评价。优点是：①它是以田间试验为基础，因而能客观地反映具体条件下的肥料效应。②据原北京农业大学在河北省曲周县基地的研究，此法具有较好的反馈性。施肥模型符合±10％偏差的吻合度标准。③在大量积累试验资料的基础上，便于建立县级计算机施肥咨询系统。缺点是：①由于该法是以田间试验为基础的，不布置试验不能用此法。②肥料效应函数只反映具体条件下的肥料效应，因而具有严格的地域性，不能借用外地资料。③此法技术难度较大，推广此法前必须进行技术培训，把好技术关。

☞ 15. 合理施肥应怎样掌握施肥时期？

作物一生中，通过庞大的根系不断地从土壤中吸收养分和水分，以满足不同生育时期的需要。但在不同生育期中作物对氮、磷、钾养分的需要量是不相同的，有的时期少，有的时期多。为了节省化肥和提高肥效，就应该通过巧施化肥把有限的肥料用在刀刃上。

大多数作物在一生中有两个关键的施肥时期，一个叫营养临界期，大多在苗期，对于土壤肥力不高的农田，施用种肥特别是磷种肥是一种用肥少，肥效好的方法。另一个叫作物营养的最大效率期，即作物需肥较多，施肥效果明显的时期，如小麦的拔节期、玉米的大喇叭口期和棉花的花铃期都是追施氮肥的关键时期，可以获得较好的增产效果。但是，具体施肥时间应根据土壤供肥状况和作物的长势来确定。

☞ 16. 为什么合理施肥要遵守“瞻前、顾后、看当时”的原则？

在农作物整个生长过程中，根据作物、土壤和肥料三者之间的关系，全面安排施肥措施十分重要。施肥要“巧”，就得遵守“瞻前、顾后、看当时”的原则。所谓“瞻前”就是要考虑以往施肥的情况和土壤供肥状况；所谓“顾后”就是要考虑此次追肥对作物以后的生长会产生什么影响；所谓“看当时”就是要看当时的苗情，决定是否要追肥和追施数量。这样既能把作物营养的阶段性与营养的连续性统一起来，又能使作物个体的营养状况与田间的群体结构协调发展，最终达到高产的目的。

如果施肥不遵守上述原则，把作物的各生育阶段孤立起来，往往得到事与愿违的结果。例如，在比较肥沃的土壤上，棉花蕾期氮素追肥过多，遇上雨季，基肥和追肥同时发挥作用，结果使得棉株生长过旺，其后果是蕾铃大量脱落。生产中，这种例子是很多的。

☞ 17. 合理施肥为什么要十分重视调整施肥的养分比例?

要想获得作物高产，在增加施肥量的同时还应重视调整施肥的养分比例，这也是一项不可忽视的施肥技术。目前推广的配方施肥符合平衡施肥的原则和要求。拿氮、磷养分比例来说，一般农田氮、磷比例为1∶0.5比较适合。北京市顺义区由于多年来施用磷酸二铵后，土壤速效磷水平从每千克土壤十几毫克上升到三十几毫克。因此，根据土壤速效磷含量变化的新情况，技术人员把施肥的氮、磷比例适当下调到1∶0.4是科学的。而对严重缺磷的土壤，提倡重施磷肥，把氮、磷比例上调到1∶0.7也是正确的。他们都遵守了“瞻前、顾后、看当时”的原则。调整氮∶磷比例的目的是平衡养分，使养分比例更符合作物的营养要求和土壤供肥特点。这既有利于提高肥料利用率，又可节约养分资源，从而提高作物产量，改善产品品质。

应当清醒地认识到，增加施肥量固然可以提高作物产量，但是调整施肥的养分比例，同样也能提高肥效，对于高产田调整施肥的养分比例比增加肥料投入量有时显得更为重要。

☞ 18. 为什么偏施氮肥的肥效差？

偏施氮肥的肥效差，主要有两方面原因：

(1)作物茎叶生长旺盛而不利于开花结实。由于偏施氮肥，作物营养生长与生殖生长不能协调发展，致使小麦旺长，后期容易贪青晚熟或倒伏，倒伏的小麦由于灌浆不好，子粒不饱满，因而造成减产。所谓“麦倒一把草”就是这个道理。棉花也会因偏施氮肥使植株生长过旺，叶片肥大，很快荫蔽封垅，招致蕾铃大量脱落，因而严重减产。

(2)氮、磷比例失调，影响作物对氮素的吸收利用。由于偏施氮肥，大量氮素积累在体内得不到及时转化。因而，到生长后期，茎叶中的氮素多以游离态存在，不能及时向结实器官中输送，导致产量不高，经济效益差。

应当指出，偏施氮肥表明施肥中存在盲目性，缺少科学指导。实施配方施肥是解决这一问题的好办法。

☞ 19. “没有麻酱渣种不出甜西瓜”的说法对吗？

过去瓜农常说：“没有麻酱渣种不出甜西瓜”。这句话很有道理。因为麻酱渣是养分完全的优质有机肥料，它不仅含有氮、磷、钾大量营养元素，而且还含有多种微量营养元素。由于养分全面，能提高西瓜的含糖量，所以种出来的西瓜自然很甜。如今，西瓜种植面积比过去大多了，有限的麻酱渣自然供不应求。不可能所有的西瓜地里都施麻酱渣。一些瓜农为了追求西瓜高产，常常片面偏施氮肥。从表面看，西瓜的个儿确实很大，但西瓜的甜度却下降了。由于违背了供给养分全面，保持养分平衡的原则，其结果必然使西瓜的品质下降。

经过多年来土肥工作者的研究，配制成含氮、磷、钾及微量元素养分全面的西瓜专用肥，有了与麻酱渣类似养分全面的复混肥料，对提高西瓜品质有明显作用。由此可见，沙土地种西瓜只要各种养分供应平衡，特别是增施钾肥，西瓜不仅产量高，而且含糖量也增加了。由此可见，只要肥料配方合理，注意养分平衡，“没有麻酱渣也能种出甜西瓜”的愿望是能够实现的。

☞ 20. 为什么合理施肥要讲究施肥方法和注意施肥位置？

一般来说，决定作物产量高低的不仅仅是施肥量和养分比例，施肥方法和施肥位置也不可忽视。所以，讲究施肥方法，注意施肥位置也是施肥技术中重要的一部分。例如，不管是铵态氮肥或是酰胺态的尿素，都应深施覆土。一般深度大于 6 厘米即可减少氨的挥发损失。对于密植作物，在不可能深施的情况下，也应在将肥料表施后立即灌溉，以减少氮素损失。硝态氮肥不宜作基肥，作追肥时要防止随水淋失。水田中更不能施用，以免发生反硝化作用造成氮素损失。中耕作物如玉米、棉花等，追肥时要注意施肥位置，一般应将氮肥施于行间或植株的侧下方，不要放在植株的茎基部，以便肥料及时被作物根系吸收而发挥作用。

过磷酸钙有移动性小、易被固定的特点，应提倡集中施用，如条施、穴施，水田可采用塞秧兜、蘸秧根的方法，经济有效。

钾肥也应集中条施，使肥料施于作物根系密集的湿润土层中，既可减少固定，又有利于根系吸收。

对微量元素肥料，应提倡叶面喷施的方法。它具有经济、高效、安全和无污染的优点。对于严重缺乏微量元素的地块，也可在播种前将固体微肥作基肥施用。

☞ 21. 灌溉施肥有哪些优点?

灌溉施肥是一项创新的施肥技术。它把施肥与灌溉结合起来，既可同时供给水肥，又节约了劳力，确实值得提倡。灌溉施肥是把水溶性的化肥（主要是氮肥）溶解于灌溉水中，使肥料随灌溉水进入土壤。灌溉施肥主要有喷灌施肥和滴灌施肥两种。灌溉施肥的优点是：

(1)肥效快、易吸收。肥料呈溶液状态，比较快地就能渗入根区，可以很快地被作物根系吸收，同时喷在作物叶片上的养分也可被吸收。

(2)既节肥、又节水。灌溉施肥可少量多次地施肥，满足作物对养分的需求，防止一次大量施肥带来的危害和肥料损失。据研究，一般喷灌施肥可节约肥料 11%～29%，而滴灌施肥可节约用肥 44%～57%，同时还能大量节水。

(3)保护土壤结构。喷灌施肥可以减少施肥机械对土壤结构的破坏。

(4)节约施肥时间和劳力,降低成本。目前,喷灌施肥多用于大面积种植的大田作物,如小麦、玉米等,而滴灌施肥主要用于大棚蔬菜和果树,都有良好的增产、节肥和节水的综合效果。

最适用于灌溉施肥的是氮肥,其浓度范围一般为0.2%~0.3%,尿素可达到0.5%。由于磷肥在灌溉水中易起化学变化而产生沉淀,不仅降低了肥效,还会堵塞过滤器和喷管,因此磷肥不适用于灌溉施肥。此外,灌溉施肥也适用于钾肥和微量元素肥料。

由于灌溉施肥需要有一定的设备,一次性投资费用较高,所以目前尚未得到普遍推广和应用,但它却是有发展前途的一项施肥新技术。

☞ 22. 基肥、种肥、追肥三种施肥方式应怎样合理安排?

为了满足作物整个生育期对养分的需求,往往要多次施肥。一般可通过基肥、种肥和追肥的方式来实现。

(1)基肥:基肥是播种(或定植)前结合土壤翻施用的肥料。其目的是为了创造作物生长发育所要求的良好土壤条件,为作物整个生育期供应养分奠定基础。

(2)种肥:种肥是播种(或定植)时施于种子附近或与种子混播的肥料。其目的是为幼苗提供充足的养分,为获得壮苗创造良好的条件。切记作种肥时要使肥种分开,以免烧苗。

(3)追肥:追肥是在作物生长期间施用的肥料。其目的是及时调节作物不同生育期对养分的需求,争取获得高产。

三种不同的施肥方式,其目的不同,所以应根据具体情况合理安排。如对冬小麦、春玉米生育期较长的作物,除采用磷、钾肥作基肥外,应分期追施氮肥;对生育期短的作物(早稻、蔬菜等)可采用重施基肥、早追肥的方式;对于地力较差的农田,除应多施有机肥料作基肥外,磷肥作种肥的意义很大,同时要适当追施氮肥;对于麦茬玉米,由于抢收、抢种,来不及施基肥,可采用早追肥、重施氮肥的方式;对于干旱少雨的地区,化肥一次性作基肥也是可以的。

总之,选择施肥方式必须在掌握作物生育特点和营养特性,以及当地土壤、气候和栽培技术等的基础上,因地而异,合理搭配,以形成具有特色的施肥体系。

☞ 23. 哪些化肥适宜叶面喷施,其技术要点是什么?

化肥种类很多,性质各异。适于叶面喷施的化肥应符合下列条件:①能溶于水;②没有挥发性;③不含氯离子及有害成分。适合于叶面施肥的化肥有尿素、硫酸铵、硝酸铵、硫酸钾、各种水溶性微肥以及磷酸二氢铵和硝酸钾等。此外,还有过磷酸钙,虽然它不能全部溶解于水,但其主要成分磷酸一钙是水溶性的,可溶于水,只要滤去残渣,将上部清液稀释后即可用于叶面喷施。

叶面喷施的溶液浓度因肥料品种和作物种类而异。一般大量元素肥料的溶液浓度为1%～2%。对旺盛生长的作物或成年果树尿素的浓度还可以适当加大。微量元素肥料溶液浓度一般为0.01%～0.1%。

由于作物种类不同，肥料浓度应作适当调整。如单子叶作物叶面积小，角质层较厚，可适当加大浓度。双子叶作物的喷施浓度应稍低于单子叶作物。

喷肥时间宜在有露水的早晨或傍晚进行，肥料溶液在叶片表面停留时间长，效果就好。如加入少量蔗糖可减轻喷施浓度偏高造成的危害。

☞ 24. 怎样计算叶面施肥的溶液浓度或肥料用量？

叶面施肥也叫根外追肥，是经济有效的施肥方法。关于如何计算溶液浓度和肥料用量，现举例说明。

先应明确肥料用量、溶液体积和溶液浓度三者之间的关系是：

肥料用量＝溶液体积×溶液浓度　(1)

或　溶液体积＝肥料用量÷溶液浓度　(2)

或　溶液浓度＝肥料用量÷溶液体积×100%　(3)

例1：配置50千克1%尿素溶液需用多少尿素？

可按式(1)计算：

尿素用量(千克)＝50×1%＝0.5

例2：若每亩用0.5千克尿素，配制1%溶液时，需加多少水？

可按(2)式计算：

用水量(千克)＝0.5÷1%＝50

例3：用0.5千克尿素，加水50千克，配制的溶液浓度是多少？

可按(3)计算：

溶液浓度＝0.5÷50×100%＝1%

☞ 25. 氮、磷、钾化肥在土壤中会发生什么变化？它与合理施肥有什么关系？

氮、磷、钾化肥施入土中后，一般有3个去向：一是被作物吸收；二是养分损失；三是土壤残留，其中也包括生物固定和土壤固定。提高肥料利用率的关键是减少养分损失，与合理施肥的关系非常密切。

(1)氮肥：氮肥的损失途径有氨的挥发损失、硝酸盐的淋失，以及反硝化作用引起的脱氮损失。这就是氮肥利用率不高的原因，一般只有35%左右。生产上采取铵态氮肥深施覆土，硝态氮不作基肥施用，以及铵态氮肥必须施到水田的还原层等，都是减少氮素损失，提高氮肥利用率的有效措施。

(2)磷肥：磷肥与氮肥不同，磷肥肥效不高的主要原因是土壤的化学固定，一般磷肥的当季利用率只有10%～25%。被土壤固定了的磷酸盐在不同条件下可以慢慢释放出来，供作物吸收利用，所以磷肥的后效很长。磷肥在土壤中移动性极小，因此应作基肥施用。生产上常采取集中施用，分层施用，与有机肥料配合施用等措施，都是为了减少土壤的化学固定,提高磷肥当季利用率的有效方法。

(3)钾肥:钾肥施入土壤后一部分被作物吸收,余下的钾离子很快被土壤胶粒所吸附,暂时贮存起来。土壤中的钾一般不会损失,所以当季利用率较高,可达40%~50%。生产上为了防止土壤干湿交替增加土壤对钾的固定,常把钾肥作基肥并施到根系密集的湿润土层中,以减少钾的固定;对固钾能力强的土壤,钾肥不宜过早施入,一般在播种前施于播种沟中,以提高其利用效率。

通过以上分析,可以得出这样的结论:只要按照肥料的性质,采取正确的施肥方法,就可以减少化肥中养分的损失,从而提高化肥的利用率。

☞ 26. 化肥是怎样污染环境的?

合理施用化肥促进农业增产已成为人们的共识。但是,如果化肥施用过量,不仅会危害作物、浪费资源,而且还会严重污染土壤和地下水源,甚至威胁生态平衡和人类身体健康,所以应当引起人们的足够重视。化肥污染问题以氮肥最为突出。化肥对环境的污染表现在以下几个方面:

(1)破坏大气臭氧层。氮肥施入土中后,有一部分可能经过反硝化作用,形成了氮气和氧化亚氮,从土壤中逸散出来,进入大气。氧化亚氮到达臭氧层后,与臭氧发生作用,生成一氧化氮,使臭氧减少。由于臭氧层遭受破坏而不能阻止紫外线透过大气层,强烈的紫外线照射对生物有极大的危害,如使人类皮肤癌患者增多等。

(2)水体和地下水的富营养化。由于过量施用氮肥和磷肥,大量的氮、磷养分进入水体,可引起水体的富营养化,导致藻类等过量繁殖,藻类死亡后,遗体的分解使水体中溶解氧大量被消耗,水体呈缺氧状态,水质恶化,造成鱼、虾死亡等严重后果。

此外,由于土壤中硝态氮的向下淋失,也会造成地下水的富营养化,硝酸盐含量达50毫克/升以上,大大超标。如果长期饮用这种超标的地下水,也会危及人体健康。因为在特定的还原条件下,硝酸盐转化为亚硝酸盐后,并可生成强致癌物质——亚硝胺,它对人类健康构成很大威胁。

应当指出,化肥对环境的污染是不合理施用化肥造成的,而不是化肥本身的罪过。我们不能因为化肥可能污染环境就不施用化肥,关键在于如何合理施用化肥。

☞ 27. 绿色食品与施用化肥有什么关系?

绿色食品一般是无污染的安全、优质、营养类食品的统称。就蔬菜而言,为了达到绿色食品的标准,在施肥技术上要求:以有机肥料提高土壤肥力水平为基础;插入豆科作物以提高土壤含氮量,减少化学氮肥用量;严格掌握氮肥追肥时间,控制蔬菜体内硝酸盐含量。在生产符合绿色食品标准蔬菜的过程中,对化肥施用应有正确的认识。

(1)绿色食品和施用化肥并不矛盾。不要把绿色食品与施用化肥对立起来,化学氮肥是蔬菜可直接吸收的无机态氮源,而有机肥料经过微生物分解,使有机态氮转化为无机态氮，它最终也是以无机态氮素供蔬菜吸收的。因此，认为“施用化学肥料的蔬菜不是符合绿色食品标准的蔬菜”，而“施用有机肥料的蔬菜才是符合绿色食品标准的蔬菜”的看法是不正确的。其实，某些大量施用有机肥料的蔬菜，体内硝酸盐含量也不少。

(2)适当控制氮肥用量。为了保证符合绿色食品标准的蔬菜有较好的产量和经济效益，在施用有机肥料的基础上，适当施用氮肥是必需的，但一定要控制用量。在目前绿色食品蔬菜尚未按质论价的情况下，不施用化学氮肥很难解决质量与产量、产量与效益之间的矛盾，菜农也是难以接受的。

(3)严格掌握氮肥的追肥时间。蔬菜作物的硝酸盐含量是不断变化的。因为，进入蔬菜体内的氮素，在代谢过程中，进一步转化为氨基酸，合成蛋白质。据研究，随着氮肥追施时间的推移，蔬菜体内硝酸盐含量有逐渐减少的趋势。现以每亩施 5 000 千克有机肥和 25 千克硫酸铵追肥的油菜为例。追肥 3 天后油菜中硝酸盐含量为 5 372 毫克/千克，14 天后降到 877.4 毫克/千克，18 天后降到 653.8 毫克/千克，已符合绿色食品推荐标准。因此从安全考虑，绿色食品蔬菜的最后追肥时间应在采收前 15～20 天为宜。此外，氮肥与钾肥配合施用，能促进蛋白质的合成，减少体内硝酸盐的含量。

总之，为了获得优质、无污染的蔬菜，发展绿色食品的生产，在施肥上有许多应注意的问题。要做到这一点，关键是提高菜农对上述问题的认识。

☞ 28. 什么叫轮作施肥制度？制定轮作施肥制度的原则是什么？

针对某个轮作周期而制定的施肥计划称为轮作施肥制度。轮作施肥制度的主要任务包括轮作周期内每种作物以及各种作物生长期内的肥料合理分配两个方面。一个合理的施肥制度应当综合而有效地运用各项施肥技术措施，保证当季作物丰产和逐年总产有所上升，并使土壤肥力保持稳定并略有提高。

制定轮作施肥制度的原则是：

(1)统筹兼顾，保证重点。在制定轮作施肥制度时，不应在不同的轮作方式中平均分配肥料，而应根据该生产单位的经营特点，把有限的肥料优先分配到主要的轮作中。在保证重点的同时，也应适当照顾其他轮作。这样才能力争作物均衡增产和全面丰收。

(2)培肥地力，用养结合。针对不同轮作的特点，合理分配有机肥料和化学肥料，做到“用地”和“养地”相结合，既保证作物能够稳产、丰产，又不使土壤肥力下降。

(3)降低生产成本，增加经济效益。为了降低生产成本，应该加强施肥的科学性，减少盲目性。例如，有机肥料与化学肥料配合施用，力求平衡施肥；重视施肥方法，减少肥料中养分的损失，提高肥料利用率，使肥料的经济效益不断增加。

☞ 29. 评价合理施肥的指标是什么？

评价合理施肥有 5 项指标：

(1)高产指标:即通过合理施肥措施能使作物单产在原有水平的基础上有所提高,因此“高产”指标只有相对意义,而不是以绝对产量为指标。

(2)优质指标:即通过合理施肥使养分能平衡供应,不仅能使作物单产水平有所提高,而且在产品质量方面也得到改善。在市场经济条件下,优质指标显得更为重要。

(3)高效指标:即通过合理施肥,不仅能提高产量和改善品质,而且由于投肥合理,养分配比平衡,从而提高了产投比,施肥效益明显增加。“高效”是以投肥合理、提高产量和改善品质为前提的。目前部分农民企图以减少化肥投入,降低成本来提高肥料的经济效益,这种想法是错误的。

(4)生态指标:即通过合理施肥,尤其是定量化施肥,控制氮肥用量,使土壤和水源不受污染,从而能保护环境,提高环境质量。因此,生态指标具有深远影响和深刻含义。

(5)改土指标:即通过有机肥与化肥的配合施用,在逐年提高作物单产的同时,使农田土壤肥力有所提高,从而达到改土目的,这是建设高产稳产农田的重要内容。农田土壤经过改良、培肥,不仅提高了土壤中有效养分的含量,而且土壤物理性状,如通气性、透水性、保肥性、耕性以及容重等也得到了改善,从而提高了土壤的缓冲性和抗逆性。

值得注意的是,以上 5 项指标对于合理施肥来说都很重要。它们虽有其独立的含义,但是对评价合理施肥措施则具有综合意义。前 3 项指标是当前国家提出的发展高产、优质、高效农业的基本要求,后两项指标则是发展可持续农业和提高环境质量不可忽视的。

☞ 30. 气候条件与施肥有什么关系?

气候条件如温度、光照、降水等与施肥的关系都很密切。这些因子不仅直接影响着作物对营养物质的吸收和同化,而且也影响着土壤中营养物质的转化和保存。

(1)光照:一般来讲,光照充足的年份和地区,可适当增加施肥量,以便发挥肥料的增产作用;而在光照不足的情况下,则应控制氮肥用量,避免作物徒长。

(2)温度:南方的水稻田,如遇低温(如寒流)应提早追肥,以免影响水稻对养分的吸收。在寒冷地区栽种冬季作物,用磷肥作种肥,能增强幼苗的抗寒性,使作物安全越冬。东北地区早霜的威胁很大,因此氮肥不应施得太晚,以免作物推迟成熟而减产。寒冷地区施碳酸氢铵的效果比尿素好,因为碳酸氢铵在低温条件下挥发少,又不像尿素需要转化,施用后作物即可吸收利用。

(3)降水:多雨地区或多雨季节,有利于有机肥料分解和作物对养分的吸收,因此化肥的施用量可以适当增加,但也应从施肥技术上防止养分淋失。干旱地区或干旱之年,主要矛盾是缺水,一般肥效较差,可以适当减少追肥用量或提前一次性作基肥施用。

总之,各地气候条件差别很大,应该针对气候特点采取相应的施肥措施,力争在增加产量的同时,也能获得较高的经济效益。

☞ 31. 矫正施肥与平衡施肥的区别在哪里？

矫正施肥与平衡施肥反映了两个不同的施肥阶段。在20世纪五六十年代，由于作物产量水平较低，一般根据土壤养分状况，采取缺啥补啥的办法。由于土壤中最缺的养分得到补充，所以作物增产效果十分明显。因此，把这种施肥方法叫做矫正施肥。也可以说，矫正施肥是平衡施肥的初级阶段。

随着作物产量水平不断提高，化肥施用量也逐年增多，施肥逐步从矫正施肥阶段发展到平衡施肥阶段。平衡施肥是根据作物需肥特点、土壤供肥特性和肥料的增产效应提出的养分比例协调的一种施肥技术。平衡施肥的特点是不仅重视化肥数量的增加，而且更注意施肥养分比例的协调，这样才能避免由于养分供应不平衡而出现的许多问题，如肥料利用率不高、肥料资源浪费、产量徘徊、肥效不明显以及品质下降等。所以对于高产田来说，为了提高作物产量，改善产品品质，增进肥效，不污染环境，就必须走平衡施肥的道路。

☞ 32. 平衡施肥为什么效果好？

20世纪80年代初配方施肥是针对农民习惯施肥、施肥比例不平衡而提出的一项新技术，它是我国施肥技术的重大改革。到了90年代推行平衡施肥，它是以养分平衡为特征的施肥新技术，是配方施肥的发展。它们都是指导农民科学施肥的新技术。

平衡施肥的效果归纳起来有5个方面:①有利于作物获得高产;②有利于改善农产品的品质;③有利于增加农民收入;④有利于防止环境污染;⑤有利于合理利用养分资源,提高肥效。

总之,平衡施肥是一条科学种田之路,也是农民科技致富之路!

☞ 33. 为什么说肥料效应函数法是一种优化配方施肥法?

校验研究是配方施肥中非常重要的环节。通过田间校验研究可以检验不同方法推荐的施肥量所获的实际产量与方程(模型)预报产量之间的吻合程度,即反馈性,可用A值表示。

$$\text{校验系数}(A\text{值})=\frac{\text{实际产量}}{\text{预报产量}}$$

校验系数(A值)也称为吻合度,其标准为±10%偏差,即A值允许的范围为0.9~1.1。

原北京农业大学土化系"七五"期间(1986—1990)在河北省曲周基点开展的《黄淮海地区大面积经济施肥》的研究中,通过3年小区试验,采用动态聚类分析法汇总多点、多年试验资料,得出曲周县高产、中高产、中产和低产4类麦田的特征肥料效应方程,并以此为依据,提出高产、中高产、中产和低产4类麦田的预报产量和相应氮、磷肥料施用量。经1989—1990年在全县40万亩麦田推广应用,取得了良好的效果。

田间校验结果表明，肥料效应函数法用于施肥决策具有良好的反馈性。前3类麦田，约占曲周县麦田的90%。一般A值变动在0.94～1.11之间，说明施肥模型的吻合度符合±10%偏差的标准。唯有低产麦田的A值为1.33。其原因主要是受气象因素的影响，而非方法本身的问题。由于当年春季雨水较多，旱地也不旱了，结果小麦实际产量为200千克/亩，超过了预报产量(150千克/亩)，所以A值高达1.33。实践证明，肥料效应函数法在诸多配方施肥方法中属于优化配方施肥法。

五、主要作物的施肥技术

☞ 1. 水稻的吸肥规律和施肥技术要点是什么？

水稻是主要粮食作物。水稻有不同品种和栽培类型，如双季早稻、双季晚稻、中稻、单季晚稻等。不同类型的水稻，因品种不同，生长期长短不一，其营养特点与相应的施肥技术也不相同。但每形成 100 千克稻谷所需的氮、磷、钾养分较为接近，多数为氮(N)2 千克，磷(P_2O_5)0.8 千克，钾(K_2O)2.5 千克。这些养分的 60%～70%来自土壤，其余则来自肥料。除少量肥料用于秧田外，大多数都施于本田中。

水稻不同生育期的吸肥规律是：分蘖期吸收养分较少，其中氮素多于磷、钾养分。水稻从移栽到分蘖终期，吸氮率占全生育期吸氮总量的 22.3%～35.5%，吸磷率占 15.9%～18.7%，吸钾率占 20.5%～21.9%。从幼穗分化期到抽穗期是水稻一生中吸收养分最多和吸收强度最大的时期，几乎一半左右的养分是在这一时期吸收的。抽穗以后直到成熟，吸收量明显减少，但仍需一定的养分。一般来说，早稻生育前期吸氮率高于晚稻，而生育后期则是晚稻高于早稻。

水稻的施肥技术要点：

(1)单季晚稻：由于单季晚稻的生育期长，吸肥高峰明显，因此应采取基肥与追肥并重的施肥技术。一般应重施基肥，以有机肥料为主，配合一定量的氮肥，所有磷、钾肥均以基肥的方式施入。追肥的重点是穗肥，每亩可追施 20 千克尿素，以促进稻穗分化，为丰产奠定基础。

(2)双季稻：双季稻仍应重施基肥，包括有机肥料和氮磷钾化肥。施基肥可采用全层施肥与耙面肥结合的方式。追肥宜早施，酌情施用穗肥。

☞ 2. 冬小麦的吸肥规律和施肥技术要点是什么？

冬小麦是主要粮食作物。它一生需经历冬前出苗、分蘖、返青、拔节、孕穗、灌浆，直至成熟。北方冬麦区是秋季播种，越冬阶段长，所以全生育期长，是需肥较多的作物。据分析，每形成 100 千克子粒，约需从土壤中吸收氮(N)3 千克，磷(P_2O_5)1 千克，钾(K_2O)3 千克，与春小麦和大麦的吸肥量大致相同。

冬小麦的吸肥规律是：冬前分蘖期吸收养分较多，越冬时吸收养分较少，返青后则需吸收大量养分。拔节到开花期是冬小麦吸收养分的高峰期，全生育期占总吸收量 31.2％的氮、64％的磷和 60％的钾是在这一阶段吸收的。开花以后直至成熟，冬小麦还需要吸收 28％的氮和少量的磷，基本上不再吸收钾。

冬小麦的施肥技术要点：

(1)基肥：一般在前茬作物收获后即可秋施基肥。基肥以优质的有机肥料为主，配合适量化肥，一般每亩施用有机肥料

2 000～2 500 千克，配施磷酸二铵 20 千克，氯化钾 10 千克。磷、钾肥也可在播种时用作种肥。

(2)追肥：全生育期一般需追肥 3 次，分别在越冬前、返青后和拔节期各追施一次。低产麦田越冬前的氮素追肥对争获每亩有足够的总茎数非常重要。一般麦田施肥量以返青期为重点，目的是争取有较多的分蘖能成穗，为丰产打好基础。高产田多数为晚播麦，由于地肥，一般越冬前不追肥，追肥的重点在拔节期，施肥量应略高于一般地块，每亩可施 20 千克尿素，目的是在合理群体的基础上，争取粒多、子重。小麦生长后期应喷一次磷酸二氢钾溶液，浓度为 0.1%～0.2%。此时喷施磷酸二氢钾具有抗干热风和补充磷、钾养分的双重作用。

☞ 3. 玉米的吸肥规律和施肥技术要点是什么？

玉米为高产作物，植株高大，根系发达，吸肥能力强，需要养分多。每形成 100 千克玉米子粒，需从土壤中吸收氮(N)2～4 千克，磷(P_2O_5)0.7～1.5 千克，钾(K_2O)1.5～4 千克。玉米吸收养分的数量和比例，因品种特性、土壤条件、产量水平以及栽培方式而有不同，在确定具体施肥量时，须熟悉品种的特性。

玉米不同生育阶段，吸收养分的数量和比例差异很大。苗期植株小，生长慢，吸收养分少；拔节、孕穗到抽穗开花期，是玉米营养生长和生殖生长同时并进的阶段，生长速度快，吸收养分数量多，是施肥的关键时期。

春玉米和夏玉米吸肥情况不同，春玉米苗期吸氮率占总吸收量的2.1%，中期（拔节至抽穗开花）占51.2%，后期占46.7%；而夏玉米苗期吸氮率占9.7%，中期占78.5%，后期占11.9%。玉米吸磷率，各生育期比较平稳，而累积吸收量则逐渐上升。春玉米吸磷率，苗期占1.1%，中期占63.9%，后期占9.5%。玉米吸钾率，春、夏玉米均以苗期比例大，以后则逐渐下降，其累积吸钾率以拔节后期最快，到开花期已达顶峰，以后吸收养分明显减少。

玉米的施肥技术要点：

(1)春玉米：春玉米生育期长，其施肥体系应包括基肥、种肥和追肥。基肥以有机肥料（以圈粪为主）和化肥（1/3氮肥，全部磷、钾肥）配合施用。种肥可用磷酸二铵（10千克/亩）与种子同时施入土壤中。生长期中的追肥，应以氮肥为主，一般分苗期和大喇叭口期2次追施。大喇叭口期追肥是春玉米施肥的关键时期，每亩施用25千克尿素，可望获得500千克以上的产量，增产效果十分显著。

(2)夏玉米：夏玉米生育期短，又处于高温多雨季节，全生育期吸肥总量比春玉米少，但吸肥时间较为集中，且早于春玉米。由于麦收后要抢种玉米，往往来不及施基肥，所以夏玉米的施肥体系一般由种肥和追肥组成。追肥应比春玉米早，氮肥用量也应稍多于春玉米，2次追肥总量约为40千克尿素，正常年份高产田可望获得500～600千克的产量。

☞ 4. 棉花的吸肥规律和施肥技术要点是什么？

棉花是重要的纤维作物，经济价值很高。棉花一生经历出苗、现蕾、开花及吐絮等几个生育期。棉花是无限花序作物，其营养生长和生殖生长重叠时间长，从现蕾到吐絮这一阶段，营养生长和生殖生长并进时间竟达 70～80 天之久。因此，施肥时必须考虑这一生物学特性。

棉花的吸肥量比禾本科作物多，每形成 100 千克子棉约需从土壤中吸收氮(N)5 千克，磷(P_2O_5)1.8 千克，钾(K_2O)4 千克。不同生育类型和经济系数(经济产量与生物学产量的比值)的棉株吸肥量差异很大。徒长型棉株比正常型棉株经济系数要低，形成 100 千克子棉所吸取的养分量显著增多。为此，要通过合理的水肥措施，协调棉花营养生长和生殖生长的相互关系，争取获得较高的经济产量和经济系数，减少不必要的养分消耗，这样才能提高肥料利用率和增进肥效。

棉花不同生育期的吸肥规律是：苗期吸收各种养分的数量都比较少，蕾期开始逐渐增加，但不足全生育期吸氮总量的 10％。初花到盛花期是棉花吸收氮的数量最多、强度最大的阶段，57％的氮是在这个时期吸收的。自开始结铃直到成熟，是吸收磷、钾养分的高峰期，66％的磷和 52％的钾是在这一阶段吸收的。当然此时供应适量的氮素也是必要的。

棉花的施肥技术要点：

(1)基肥：基肥要充足，应采用有机肥料和化肥配施的方式。春播棉田的基肥一般是结合秋耕进行的。基肥应以优质圈肥为主，并配以少量饼肥和化肥，化肥又以磷、钾肥为主，氮肥只占很小比例。

(2)追肥：追肥要轻重搭配。合理追肥的目的在于达到前期幼苗生长健壮，中期不徒长和后期不早衰的丰产要求。对于棉花的追肥，一般应掌握苗肥要轻、蕾肥要稳、花铃肥要重和秋后适当补施的原则。棉花各次追施的氮肥，应根据苗情增减肥料数量。总的原则是，开花前氮肥用量不宜过多，应到开始结铃时，才能增加氮肥用量；秋后补肥要灵活掌握，高产田为争取秋桃，可适量补施少量氮肥。但是，追肥时期不应过晚，以免增加霜后花的比重，降低纤维品质。

☞ 5. 油菜的吸肥规律和施肥技术要点是什么？

油菜是重要的油料作物。油菜在其整个生育期需从土壤中吸收各种养分，其中以氮、磷、钾对油菜子的产量和品质影响最大。一般形成 100 千克的油菜子，需从土壤中吸收氮(N)8.8～11.6 千克，磷(P_2O_5)1.8～2.4 千克，钾(K_2O)6.0～10.1 千克。不同品种吸收量差异很大，如在获得相同产量的条件下，白菜型油菜吸取的养分量比甘蓝型油菜少。因此，确定油菜施肥量时，必须要考虑品种因素。

油菜在不同生育期吸收养分的数量及比例，随生长中心的转移而有变化，在不同生育阶段吸收养分的强度有很大的差异。

苗期阶段包括秧苗期与大田苗期，此阶段油菜以营养生长为主，吸收氮素占整个生育期吸收总氮量的 45%，磷和钾各占 20%。由于此阶段长达 150 天左右，并有 2 个月的低温期。为了越冬前幼苗的生长，此阶段是需肥的重要时期。

油菜薹期营养生长和生殖生长都很旺盛，这一阶段虽然只有 30 天左右，但单位时间所吸收养分的比例比前期多，尤其氮、钾的日积累量达到最高峰，是油菜需肥最多的时期。

花期至成熟是油菜生殖生长最旺盛的时期，这时对氮、钾吸收减少，但对磷的吸收要占全生育期50%以上。此期以碳代谢为主，形成大量的光合产物，首先转化为饱和脂肪酸，然后转化为不饱和脂肪酸，并合成脂肪贮存于种子中。

根据科研单位的总结，各主要油菜产区的施肥原则：

(1)华中区：由于三熟油菜春发抽薹早，要求“冬春二发”。施肥方法是“三追不如一底”，“年外不如年里”，必须有70%～80%的肥料集中于年前施入，其余20%～30%作为薹肥。

(2)华东区：由于华东区油菜春发抽薹较迟，2月上旬至3月上旬是早熟品种花芽分化期，因此要求冬壮春发，施肥重点是1～2月份的腊肥和返青肥，以促进抽薹前光合面积增大，根系扩展，壮薹较多。对年前施肥较少的油菜，薹肥对壮薹、多枝有利，增产显著。而施肥水平低的地区，年前种肥、培根肥和年后薹肥是经济有效的施肥技术。

应该指出，油菜对硼敏感，必须重视硼肥施用。在土壤速效硼<0.5毫克/千克的缺硼区，必须在苗期、薹期及花期分别喷施硼肥；或在有机肥中混入1千克/亩硼砂或硼酸作基肥施用，否则易出现“花而不实”症，轻则减产，重则绝收。

☞ 6. 大豆的吸肥规律和施肥技术要点是什么？

大豆是主要的油料作物，经济价值很高。大豆对主要营养元素的需求，依其类型、品种以及所处地区土壤、气候条件的不同而有差异。大豆对氮、磷、钾三要素的需求比例为1：

(0.17～0.23)∶(0.39～0.41)。由此可见,大豆需氮虽多,但可通过根瘤菌固氮,一般可从大气中获取氮(N)5～7.5 千克/亩,为大豆需氮量的 40%～60%。

大豆的生长发育分为苗期、分枝期、开花期、结荚期、鼓粒期和成熟期。全生育期为 90～130 天。每形成 100 千克大豆,需从土壤中吸收氮(N)8.1～10.1 千克,磷(P_2O_5)1.8～3.0 千克,钾(K_2O)2.9～6.3 千克。它所吸收的养分量远高于水稻、小麦和玉米。

大豆的吸肥规律是:出苗至分枝期吸氮率为全生育期吸氮总量的 15%,分枝至盛花期为 16.4%,盛花至结荚期为 28.3%,鼓粒期为 24%,开花至鼓粒期是大豆吸氮的高峰期。苗期至初花期吸磷率为 17%,初花至鼓粒期为 70%,鼓粒至成熟期为 13%。可见,大豆生长中期对磷的需要最多。开花前累积钾的量占 43%,开花至鼓粒期吸钾率为 39.5%,鼓粒至成熟期仍需吸收 17.2%的钾。开花至鼓粒期既是大豆干物质累积的高峰期,又是吸收养分的高峰期。

大豆的施肥技术要点:

(1)基肥:大豆的施肥体系一般由基肥、种肥和追肥组成。施用有机肥料作基肥是大豆增产的关键措施。在轮作中可在前茬粮食作物上施用有机肥料,而大豆则利用其后效。在低肥力土壤上种植大豆可以用磷、钾肥作基肥,对大豆增产很有好处。

(2)种肥:一般每亩可用 10 千克过磷酸钙或 5 千克磷酸二铵作种肥。由于大豆是双子叶作物,出苗时种子顶土困难,种肥最好施于种子下部或侧面,切勿使肥料与种子直接接触。

有的地区用1%～2%钼酸铵溶液拌种，对大豆结瘤和固氮效果很好。

(3)追肥：大豆追施氮肥，应掌握既保证大豆有足够的氮素营养，又要发挥根瘤菌的固氮作用。必须纠正那种认为“大豆有根瘤菌固氮就不需要施氮肥”的错误概念。实践证明，在初花期前酌情施用少量氮肥是必要的。一般在花期喷施磷酸二氢钾也有明显的增产作用。

☞ 7. 甘薯的吸肥规律和施肥技术要点是什么？

甘薯既是粮食作物，又是工业生产所需的原料。甘薯根系深而广，茎蔓能着地生根，吸肥能力很强。在贫瘠的土壤上也能获得一定的产量，这往往使人误认为甘薯不需要施肥。实践证明，甘薯是需肥性很强的作物。据研究，亩产鲜薯2 500千克左右的田块，每形成1 000千克甘薯需从土壤中吸收氮(N)3.5千克，磷(P_2O_5)1.8千克，钾(K_2O)5.5千克。甘薯是喜钾作物，增施钾肥对提高产量和改善品质均有明显作用。

甘薯的吸肥规律是：苗期吸收养分少，从分枝结薯期到茎叶旺盛生长期，吸收养分速度加快，吸收数量增多，接近后期逐渐减少。至薯块迅速膨大期，氮、磷的吸收量下降，而钾的吸收量仍保持较高水平。

甘薯的施肥技术要点：

(1)基肥：无论南方或北方甘薯栽培区，都应把施用基肥当成主要的施肥措施。基肥以优质的有机肥料为主，化肥中部分氮肥和全部磷钾肥也可随基肥同时施入。

(2)追肥：如果基肥施氮量不足，华北春夏薯区前期追肥应以氮肥为主，南方秋冬薯区则应分期追肥，而以中期为主。具体追肥时期应根据甘薯的生长情况灵活掌握。如栽秧时土壤干旱，气温偏低，薯苗细弱，则可早施提苗肥。在分枝结薯期，如分枝较迟，茎叶生长不旺，叶片细小，应及早施壮株肥。如植株生长正常，可以少追肥或不追肥。进入薯块迅速膨大期，如果茎叶早衰，叶面积指数下降较快，落叶率增大时，可以追 1～2 次氮肥，用量根据气候条件和苗情来定。如遇天旱，茎叶转黄较早，黄叶数增多时，应多施入畜粪水。如果土壤湿润，秋雨多，茎叶未转黄时，可多施用草木灰。若天久晴不雨，可多追 1～2 次肥，反之则应减少。

应当指出，甘薯施肥的原则是，在水源充足、水分良好的条件下，应控制氮肥用量，以免引起茎叶徒长(群众称跑秧)，影响薯块生长，否则将会减产，肥效不高。

☞ 8. 烟草的吸肥规律和施肥技术要点是什么?

烟草是一种经济作物，烟草大田期 110～120 天，一般分缓苗、团棵、现蕾、成熟 4 个阶段。亩产烤烟烟叶 175～200 千克的产量水平，每形成 100 千克烟叶需从土壤中吸收氮(N) 2.30～3.40 千克，磷(P_2O_5)1.05～1.53 千克，钾(K_2O)4.83～6.53千克，三者之比为 2.2∶1∶4.27，由此可见，烟草是一种喜钾作物，施用钾肥特别重要。现以春烟为例说明其吸肥规律。

烟草在移栽后30天基本上处于缓苗阶段，吸收、积累的养分较少，吸氮率仅占全生育期吸氮总量的7%，表现为烟苗生长缓慢，叶面积小，光合产物也少。在移栽后40～80天是烟草吸氮的高峰期，这一时期氮(N)的累积吸收率为70%，磷(P_2O_5)为58%，钾(K_2O)为57%。吸钾高峰期一般比吸氮高峰期来得早。移栽80天后，烟株吸收养分又趋减少。现蕾后土壤养分含量下降，烟株含氮量减少是烤烟优质、适产栽培的要求。

烟草的施肥技术要点：

(1)基肥：为了促进烟草前、中期的生长，应重视施用基肥，一般将总施肥量的2/3用作基肥。基肥应以农家肥和饼肥为主，混合磷、钾肥和少量氮肥。

(2)追肥：为了满足烟草旺长期对养分的需要，追肥应在团棵以前，即移栽后25～30天内进行，不宜过晚。一般追施1～2次氮肥即可。

(3)慎用氮肥：为了解决烟草产量与品质的矛盾，烟草生产上提出适产、优质的新概念。因此，根据土壤速效氮含量的多少，中等烟田氮素(N)用量最多不可超过4千克/亩。

(4)重施钾肥：烟草是喜钾作物，吸钾量是三要素中最多的。烟草的施钾量一般为施氮量的2～3倍。因此，必须供应充足的钾肥才能获得优质烟叶。

(5)禁用含氯肥料：烟草是对氯敏感的作物，因此生产中严禁施用含氯化肥如氯化铵和氯化钾，否则对烟叶的品质不利，如降低卷烟的燃烧性，容易熄火。

☞ 9. 茶树的吸肥规律和施肥技术要点是什么？

茶叶是我国的传统饮料，经济价值很高。茶树是以采摘幼嫩芽叶为主要目的的多年生木本植物。据资料，在年生长周期中，茶树对营养元素的需求也不一致，一年中对氮的吸收以4～6月份、7～8月份、9月份和10～11月份为多，而前两个时期氮的吸收占全年吸氮总量的55％以上。磷的吸收主要集中在4～7月份和9月份，约占全年吸磷总量的80％。对钾的吸收以7～9月份为最多，占全年吸钾总量的56％。

茶树不同部位的吸肥情况也不一样，叶片对三要素的吸收比根、茎为多。以三年生茶树为例，不同器官氮、磷、钾养分的吸收比例是这样的：吸氮量为叶片占50％，根和茎各占25％；吸磷量为根、茎、叶各占1/3；吸钾量为叶片占40％，根占35％，茎占25％。

茶树在个体发育的不同阶段，对各种营养元素的需要有所不同。幼年茶树以培养健壮而开展的枝条骨架和分布深广的根系为目的，这时期以磷、钾肥为主，适当施用氮肥。处于生长旺盛高产时期的青壮年茶树，生殖生长同时达到盛期，为了提高鲜叶产量，延长高产年限，抑制生殖生长，应加强氮素营养，并注意配合磷、钾肥。进入衰老期的茶树，树势衰退，产量、品质降低很快，增施氮肥的增产效果已不明显，此时为了茶树复壮，一般都用重修剪、台刈和深耕等措施来促进茶树枝条和根系的更新。为了重新培养树冠与促进新根生长，必须配合施用氮、磷、钾肥。

茶树的施肥技术要点：

(1)基肥：基肥要施早、施好。茶树基肥的施用时期要根据各产茶区茶树的具体情况而定，一般从9月底至10月底施，宜早不宜迟。在地上部分停止生长时就立即施下，以确保茶树安全越冬，有利于茶树越冬芽的正常发育，保证春茶的萌发、生长。基肥最好用厩肥、饼肥和氮、磷、钾复混肥。

(2)追肥：茶树追肥多以氮肥为主，施肥总量中追肥的施用量约占2/3。追肥数量主要依据树龄来确定：一年生茶苗因苗小幼嫩，一般不宜追施化肥；二年生茶苗每亩可施3～4千克氮；三年生茶树每亩增至5～6千克氮；四年生茶树每亩可增至7～8千克氮；五年生茶树每亩增至9～10千克氮。已投产的六年生茶树，可按产量施肥。

①春茶追肥。一般在4月中下旬进行。此次追肥有促进茶树芽叶早发、快发、多发、齐发的作用，故俗称“催芽肥”。春茶追肥量较多的地区，可分两次施用。

②夏、秋茶追肥。为了适时补充养分，在春茶采摘结束之后，应及时进行夏茶追肥；夏茶采摘结束后，也应随即进行秋茶追肥。具体用量应根据茶树长势和天气情况而定。

☞ 10. 啤酒大麦的质量要求和施肥技术要点是什么？

啤酒大麦是啤酒工业的重要原料。啤酒大麦不同于饲用或食用大麦，它的质量要求是低蛋白质、高淀粉和高发芽率。一般情况下，含氮量高的麦粒，淀粉含量相对较少，而且壳厚、粒小、角质率高。这种麦粒在麦芽制造过程中易发热，致使发芽过速，发芽过程难以控制；同时容易造成麦芽浸出率低，发酵不良，致使啤酒泡沫不好，并影响香味，降低品质。

啤酒大麦的施肥技术要点：

(1)施足基肥：啤酒大麦比小麦生育期短，而吸肥能力比小麦差。其栽培要求是，前期争取早发壮苗，争取多穗；中期掌握平稳生长；后期补肥，防早衰，争粒重。因此，啤酒大麦的施肥特点是，施足基肥，绝大部分化肥一次作基肥非常必要。

(2)控制氮肥用量。要想啤酒大麦优质高产，施用氮肥要适量，若用量过高，会增加蛋白质含量，降低淀粉含量，从而导致品质低劣。据研究，亩产400千克的高产啤酒大麦，一般亩施氮素不超过13千克。

(3)氮、磷、钾肥配合施用。在施用适量氮肥的同时应配施磷、钾肥，对提高啤酒大麦的产量和改善品质具有双重作用，不应忽视。在江浙沿海地区肥力中等偏上的土壤，氮、磷、钾的施用比例，$N:P_2O_5:K_2O$ 为 1∶0.5∶1，而东北、华北和西北地区的土壤，三者比例应为 1∶0.5∶0.5。

(4)叶面施肥。针对啤酒大麦的吸肥特点，在生育后期叶面喷施一次浓度为0.1%～0.2%磷酸二氢钾，对提高啤酒大麦的产量和改善其品质很有必要。

☞ 11. 甜菜的吸肥规律和施肥技术要点是什么？

甜菜是重要的糖料作物。甜菜与其他作物一样，苗期由于生长量少，吸收养分的数量也少，从出苗到第40天，吸氮量占全生育期总吸氮量的18%,吸磷量占总吸磷量的12.4%,吸钾量占总吸钾量的20%;到了茎叶繁茂生长期,是甜菜吸收养分的高峰期,80%的氮、85.2%的磷和80%的钾是在这一时期吸收的;到了块根迅速膨大期,即块根糖分大量积累时期,此时甜菜很少从土壤中吸收养分,主要靠叶片中养分的转移。一般每形成1 000千克块根(包括相应的茎叶),需要从土壤中吸收氮(N)3.3～6.3千克,磷(P_2O_5)1.4～2.0千克,钾(K_2O)5.5～8.64千克。三者的比例为1∶0.33∶1.44。由此可见,甜菜也是喜钾作物。

甜菜的施肥技术要点:

(1)重施基肥。甜菜是需肥量很多的经济作物。丰产甜菜亩产可达4 000千克,需氮量为18.9千克,而禾谷类作物亩产500千克水平,需氮量也只有10～15千克。因此,重施基肥是甜菜施肥的重要环节,一般占总施肥量的60%～70%。基肥应以有机肥料为主,配施部分化肥或甜菜专用肥。

(2)原则上施氮应前重后轻。追施氮肥应重在生育前期,生育后期应严格控制施氮。当施氮量超过一定范围后,增施氮肥不仅不能提高甜菜产量,而且还会导致甜菜含糖量下降。

(3)优先选用硝酸钠。甜菜既是喜钠作物,又喜欢硝态氮肥,所以对硝酸钠尤为偏爱。生产实践证明,甜菜施用硝酸钠会使甜菜叶片丛立,能明显提高光合效率,同时钠能增强甜菜对钾的吸收,降低块根有害氮的含量,改善块根的工业品质,提高产糖量。

(4)重视钾肥施用。甜菜是块根作物,钾能促进地上部的光合产物向块根中运输。增施钾肥不仅能增加甜菜产量,而且还能提高其含糖量。因此，应重视钾肥施用。

☞ 12. 大白菜的吸肥规律和施肥技术要点是什么？

大白菜是重要的叶菜类蔬菜。大白菜单产很高，每亩可达5 000千克以上，因而对肥料的要求比较多。北京市亩产5 000千克大白菜约需从土壤中吸收氮(N)11千克，磷(P_2O_5)4.7千克，钾(K_2O)12.5千克。三者比例为1∶0.4∶1.1。因此，大白菜与其他叶菜类蔬菜一样，在营养生长期内，充足的氮素营养对促进形成肥大的绿叶和提高光合效率具有特别重要的意义。由于大白菜不同生长时期的生长量和生长速度不同，因此对营养条件的要求也不相同。总的吸肥规律是：苗期吸收养分较少，氮、磷、钾养分的吸收量不足总吸收量的1%；莲座期明显增多，其吸收量占30%左右；包心期吸收量最多，约占总量的70%。

大白菜的施肥技术要点：

(1)施足有机肥。施足基肥是获得大白菜丰收的基础。一般老菜地土壤肥力较高，施用有机肥料应适量；而新菜地土壤肥力不高，重施有机肥与磷肥混合作基肥就显得特别重要。

(2)巧施提苗肥。大白菜子叶长出后，主根已达10厘米左右，并发生一级侧根，已具有吸水吸肥的能力，在基肥不足或未施种肥的情况下，要施少量的提苗肥，每亩5～7千克尿素，促苗生长。施肥时应重点偏施小苗、弱苗，促其形成壮苗。

(3)合理追肥。一般应抓住秧苗团棵开始进入莲座期和开始包心前两次追肥，这是保证大白菜丰产的关键。此时大白菜处于快速生长期，应增加追肥量，以氮肥为主，氮肥与磷、钾肥配施，或定期施以水粪。生育期间叶面喷施 0.5%～1% 的尿素和磷酸二氢钾混合溶液，均可提高大白菜的净菜率，提高商品价值。

(4)重视钾肥施用。增施钾肥能增强大白菜的抗病力和耐贮存性。由于白菜为对氯敏感作物，最好选用硫酸钾，用量每亩 20 千克，缺乏化学钾肥时可施用一部分草木灰代替。

应当指出，如果生长期氮素供应不足，大白菜植株矮小，组织粗硬，严重减产；大白菜氮肥施用过多，不耐贮存。结球型蔬菜如果后期磷、钾供应不足，往往不易结球。大白菜是喜钙作物，当遇不良的环境条件发生生理缺钙时，往往会出现干烧心病，严重影响商品质量。

☞ 13. 黄瓜的吸肥规律和施肥技术要点是什么？

黄瓜生长快，结果多，喜肥，根系耐肥力弱，对土壤营养条件要求比较严格。据测定，每形成 1 000 千克黄瓜需从土壤中吸收氮(N)1.9～2.7 千克，磷(P_2O_5)0.8～0.9 千克，钾(K_2O)3.5～4.0 千克。三者比例为 1∶0.5∶1.25，可见黄瓜全生育期吸钾最多，其次是氮，再次为磷。

黄瓜的吸肥规律是：定植后 30 天内吸氮量呈直线上升趋势，到生长中期吸氮最多。进入生殖生长期，对磷的需要剧增，而对氮的需要略减。黄瓜全生育期都吸收钾。

黄瓜的施肥技术要点：

(1)施足有机肥。用腐熟的有机肥作基肥，一方面能为黄瓜提供全面的营养，另一方面对改良熟化土壤土性也很有好处。有机肥料用量依具体条件而定。基肥中还应配施磷、钾化肥和部分氮肥。

(2)巧施坐果肥。黄瓜为无限花序，结果期较长，有2个多月。要求每结一批果以后需要补以水肥。据菜农经验，一般要求灌浑水(即将肥料溶于水中，随水施入畦内)与灌清水相结合，以防止肥劲过猛，有利于黄瓜丰产。

追肥应掌握轻施、勤施的原则，每隔7～10天追一次肥，每次每亩用尿素10～15千克，并配以腐熟的粪稀，全生长期共追肥7～8次。

(3)重视施用钾肥。在基肥用量不足或土壤缺钾的情况下，必须施用钾肥。因为钾对增强黄瓜的抗病性和改善黄瓜的品质均有良好的作用。在化学钾肥供应不足时，可用农家钾肥——草木灰代替。

(4)喷施叶面肥。在生长中期喷施0.2%～0.3%磷酸二氢钾溶液有良好的增产效果。

☞ 14. 番茄的吸肥规律和施肥技术要点是什么?

番茄是需肥较多且又耐肥的茄果类蔬菜。它对氮、磷、钾的需要量以钾最多，其次是氮，磷较少。每形成5 000千克番茄需从土壤中吸收氮(N)7～15千克，磷(P_2O_5)1.5～2.5千克，钾(K_2O)12～27千克。三者比例为1∶0.2∶1.7。

番茄的吸肥规律是：不同生育时期对养分的吸收量不同，一般随生育期的延长而增加。幼苗期以氮营养为主，第一穗果开始结果时，对氮、磷、钾的吸收量迅速增加，氮在三要素中占 50%，而钾只占 32%；到结果盛期和开始收获期，氮只占 36%，而钾已占 50%，结果期磷的吸收量约占 15%。番茄需钾的特点是从坐果开始一直呈直线上升，果实膨大期后吸钾量占全生育期吸钾总量的 70%以上。直到采收后期钾的吸收量才稍有减少。

番茄的施肥技术要点：

(1)施足基肥。番茄是需肥较多的蔬菜，定植前施足基肥是一项重要措施。基肥以腐熟的优质有机肥为主，配施磷、钾化肥。

(2)合理追肥。定植后 7～10 天，应结合浇水追施一次催果肥，每亩施粪稀 500 千克。当第一穗果开始膨大时，结合浇水亩施尿素 10～15 千克。第一穗果将近收获，第二、三穗果膨大时，每亩追施粪稀 1 000 千克左右或追施速效性氮肥，最好粪稀与氮肥交替施用，连续追肥 3 次，可以达到壮秧、防早衰和改善果实品质的目的。

(3)适当喷肥。在番茄生长期间，叶面喷施 0.2%的磷酸二氢钾有良好的效果。在有机肥用量不足、土壤缺钾的情况下，番茄生长中后期增施钾肥，对减少棱形果、改善果品质量有重要作用。

☞ 15. 萝卜的吸肥规律和施肥技术要点是什么？

萝卜、胡萝卜和芜菁均是根菜类蔬菜。它们都是以肥大的肉质根供人们食用的。每生产 1 000 千克萝卜，需从土壤中吸收氮(N)2.1～3.1千克,磷(P_2O_5)0.8～0.9千克,钾(K_2O)3.8～5.6千克。三者比例为1∶0.3∶1.8。可见,萝卜是喜钾作物。

萝卜在不同生育期中对氮、磷、钾吸收量的差别很大,一般幼苗期吸氮量较多,磷钾的吸收量较少;进入肉质根膨大前期,植株对钾的吸收量显著增加,其次为氮和磷;到了肉质根膨大盛期是养分吸收高峰期,此期吸收的氮占全生育期吸氮总量的77.3%,吸磷量占总吸磷量的82.9%,吸钾量占总吸钾量的76.6%。因此,保证这一时期的营养充足是萝卜丰产的关键。

萝卜的施肥技术要点:

(1)基肥:一般每亩施腐熟有机肥2 000千克以上,并结合施用磷、钾化肥。

(2)追肥:在前期适当追肥的基础上,当萝卜破肚时,结合灌溉每亩施尿素8～10千克。氮肥施用不宜过多、过晚,应尽量在萝卜膨大盛期前施用,如果施用过多或过晚,易使肉质根破裂或产生苦味,影响萝卜的品质。在萝卜膨大盛期还需要增施钾肥。此外还应注意养分平衡。据报道,施用三元复混肥比单施尿素可使萝卜增产,并能改善其品质。

☞ 16. 绿菜花的需肥特点和施肥技术要点是什么?

绿菜花是一种特菜。全生育期特别在花球膨大期最需要氮、磷肥,在花芽分化后需钾肥。在微量元素中,最需要硼和钼。生产1 000千克绿菜花需氮(N)2.5千克,磷(P_2O_5)1.1千克,钾(K_2O)2.9千克。其氮、磷、钾比例为1∶0.44∶1.16。

绿菜花的施肥技术要点：

(1)基肥：定植前每亩施有机肥 2 500 千克，尿素 50 千克，过磷酸钙 20～25 千克，硫酸钾 30 千克。也可选用氮、钾含量高的复混肥作基肥。

(2)追肥：进入莲座期进行第一次追肥，每亩施氮(N)4 千克，钾(K_2O)6 千克。莲座后期进行第二次追肥，每亩施氮(N)2.5 千克，钾(K_2O)4 千克或用氮钾含量高的冲施肥作追肥。花球形成初期，可喷施 0.2%～0.5%硼砂溶液或多元液体微肥对增产有一定效果。

☞ 17. 樱桃西红柿的需肥特点和施肥技术要点是什么?

樱桃西红柿生长期内需氮、钾养分较多，磷较少。此外注意增施钙、硼肥。生产 1 000 千克樱桃西红柿需氮(N) 3.85 千克，磷(P_2O_5)1.15 千克，钾(K_2O)4.44 千克，其氮、磷、钾比例为 1∶0.3∶1.15。

樱桃西红柿的施肥要点：

(1)基肥：定植前，每亩施有机肥 5 000 千克，配施尿素 50 千克，过磷酸钙 30～50 千克，硫酸钾 40 千克，或用适合的复混肥作基肥。

(2)追肥：全生育期至少进行三次追肥。一般在第一穗果开始膨大时，进行第一次追肥，每亩施氮(N)5 千克，钾(K_2O) 6 千克。第二次追肥是在第一穗果即将采收、第二穗果膨大时，每亩施氮(N)5 千克，钾(K_2O)6～7 千克。第三次追肥在第二穗果即将采收、第三穗果膨大时，每亩施氮(N)4 千克，钾(K_2O)5～6 千克，也可选用合适的冲施肥作追肥。

☞ 18. 五彩椒的需肥特点和施肥技术要点是什么？

五彩椒是一种特菜，有黄、红、紫、绿等多种颜色。五彩椒生长需要充足的营养条件，生产 1 000 千克五彩椒需氮(N)4.2 千克，磷(P_2O_5)1.1 千克，钾(K_2O)6.5 千克，其养分吸收比例为 1∶0.26∶1.55，同时还需要适量的钙肥。总之，五彩椒是需氮、钾较多的特菜。

五彩椒的施肥技术要点：

(1)基肥：定植前每亩施有机肥 4 500 千克，尿素 50 千克，过磷酸钙 25 千克，硫酸钾 50 千克，或选用合适的复混肥作基肥。

(2)追肥：当蹲苗结束，第一穗果长到核桃大小时，进行第一次追肥，每亩施氮(N)5 千克，钾(K_2O)6 千克。当进入第一穗果(门椒)即将采收，第二层果实(对椒)和第三层果实继续膨大及第四层果实正在落花坐果时，为需肥高峰期，应重施第二次追肥，每亩施氮(N)6 千克，钾(K_2O)7～8 千克。此后半个月左右后进行第三次追肥，施肥量同第二次。15～20 天后进行第四次追肥，施肥量同第一次。追肥也可选用合适的冲施肥。

☞ 19. 无刺黄瓜的需肥特点和施肥技术要点是什么？

无刺黄瓜属喜肥特菜。生产 1 000 千克无刺黄瓜需氮

(N)2.6 千克，磷(P_2O_5)1.4 千克，钾(K_2O)3.5 千克，其养分吸收比例为 1∶0.54∶1.35。结果期需肥量占总需肥量的 80%以上。

无刺黄瓜的施肥技术要点：

(1)基肥：由于无刺黄瓜喜肥，施足有机肥的同时，配合施用氮、磷、钾肥。增施钼肥能够增加果实中维生素含量，降低硝酸盐和亚硝酸盐含量。一般在定植前每亩施用有机肥 5 000 千克，尿素 60 千克，过磷酸钙 30～40 千克，硫酸钾 50 千克，也可施用氮、钾含量高的复混肥作基肥。

(2)追肥：结瓜初期进行第一次追肥，每亩施氮(N)3～4 千克，钾(K_2O)4～6 千克。盛瓜初期进行第二次追肥，每亩施氮(N)3～4 千克，钾(K_2O)5～6 千克。盛瓜中期进行第三次追肥，每亩施氮(N)3～4 千克，钾(K_2O)5～6 千克。追肥也可施用氮、钾含量高的冲施肥。盛果期喷施 0.02%～0.05% 的钼酸铵或多元液体微肥对增产有一定作用。

☞ 20. 荷兰豆的需肥特点和施肥技术要点是什么?

荷兰豆是引种的特菜之一。苗期需施氮肥，生长盛期需施磷、钾肥，注意增施钼肥和锰肥。生产 1 000 千克荷兰豆需氮(N)2.4 千克，磷(P_2O_5)0.8 千克，钾(K_2O)5.7 千克，其氮、磷、钾吸收比例为 1∶0.33∶2.38。荷兰豆也是喜钾的特菜。

荷兰豆的施肥技术要点：

(1)基肥：播种前每亩施有机肥 2 500 千克，配施尿素 20 千克，过磷酸钙 25～30 千克，硫酸钾 40 千克，或选用高氮高钾的复混肥作基肥。

(2)追肥：进入伸蔓发棵期进行第一次追肥，每亩施氮(N)3 千克，钾(K_2O)4～6 千克。开花结荚期进行第二次追肥，每亩施氮(N)2～2.5 千克，钾(K_2O)3～5 千克。也可选用冲施肥作追肥。花期喷施 0.02%～0.05%的钼酸铵溶液或多元液体微肥对增产有一定作用。

☞ 21. 美国西芹的需肥特点和施肥技术要点是什么？

美国西芹是引种的特菜之一。美国西芹的需肥特点除氮、磷、钾外，对硼的需求量较大，增施锌肥可降低鲜菜体内硝酸盐和亚硝酸盐含量。生产 1 000 千克西芹需氮(N)2.0 千克，磷(P_2O_5)0.93 千克，钾(K_2O)3.9 千克，其养分吸收比例为 1∶0.47∶1.95。美国西芹为喜钾的特菜。

美国西芹的施肥技术特点：

(1)基肥：定植前每亩施有机肥 4 000～5 000 千克，配施尿素 40 千克，过磷酸钙 25～35 千克，硫酸钾 40 千克，也可选用高氮、高钾型的复混肥作基肥。

(2)追肥：当植株进入旺盛生长期，进行第一次追肥，每亩施氮(N)3 千克，钾(K_2O)5～6 千克。经半个月后进行第二次追肥，每亩施氮(N)2～2.5 千克，钾(K_2O)4～5 千克。也可用冲施肥作追肥。旺盛生长期可喷施 0.2%～0.5%硼砂溶液或多元液体微肥对增产有一定效果。

☞ 22. 苹果树的施肥配方特点和施肥技术要点是什么?

苹果树的吸肥动态是:前期以氮为主,中后期以钾为主,对磷的吸收全年比较平稳。因此,前期以施氮肥为主,中后期以钾肥为主,磷肥随基肥施入,以保证磷的全年供应。根据亩产 5 000 千克以上的果园调查,施用的苹果专用肥其氮、磷、钾比例为 1.5∶1.0∶1.2。这种比例无论是对树体生长,还是对花芽分化都比较合适。但是,由于苹果种植面积很广,各地的土壤、气候条件都不一样,所以各地使用的配方也应有所调整。苹果树的施肥量与负载量(产量)有密切关系,一般每生产 100 千克果实需施氮(N)0.8～2.0 千克、磷(P_2O_5)0.26～1.2 千克、钾(K_2O)0.8～1.8 千克。

苹果树的施肥技术要点:

(1)基肥:一般在果实采收后,秋季根系生长高峰来到之时施基肥,即 8 月下旬至 9 月份,最好在秋梢停止生长后进行。未结果的苹果幼树,也宜在秋季施用基肥。基肥的有机肥料用量,一般以“斤果斤肥”为宜。苹果树秋施基肥时,还应适当加入一些速效性氮、磷、钾肥,促进苹果树形成庞大根系,为丰产稳产打下基础。

施肥方法可根据树势、根系分布、树龄和土壤情况而定。一般情况下环状、半环状沟施法适用于幼树。条沟施、穴施、放射沟施肥法以及全园撒施法多用于成年树(图 5-1)。施肥深度一般为 20～30 厘米,随树冠扩大,施肥范围和深度也要

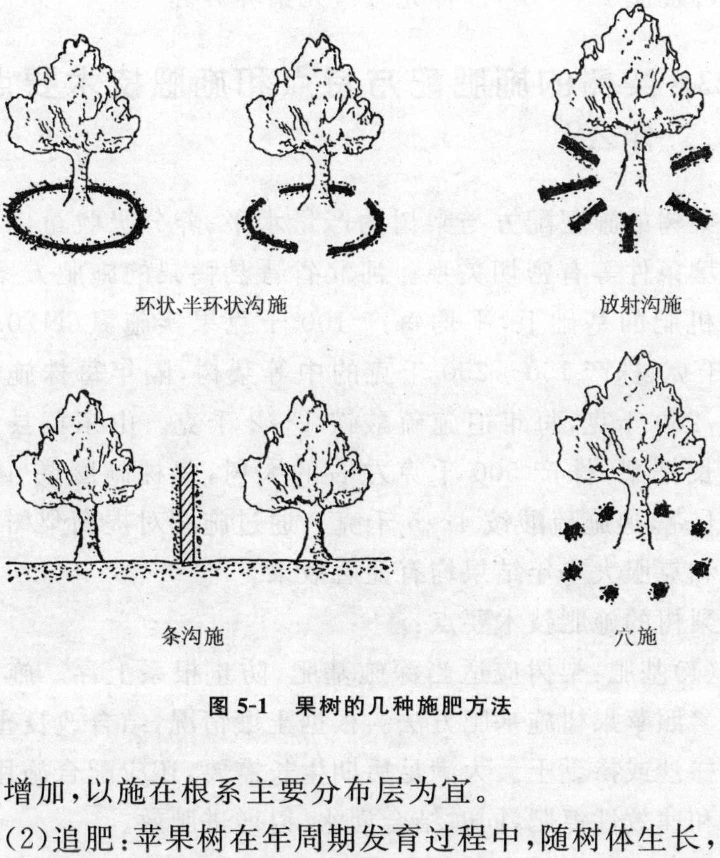

图 5-1 果树的几种施肥方法

相应增加，以施在根系主要分布层为宜。

(2)追肥：苹果树在年周期发育过程中，随树体生长，对养分(特别是氮、磷、钾)的吸收量也相应增多。一般结果的苹果树在每年开花前后追施氮肥，配合适量磷肥，追肥时间宜早不宜迟。此次追肥对花多的弱树很重要。随着树龄的增长和结果量的增加，应适当增加追肥次数。一般在春梢停止生长时要追一次肥，以促进果实膨大和花芽分化。这次追肥对当年增产十分关键，而且对克服大小年结果也有一定的作用。

如果园中出现黄化叶和小叶病，必须及时喷施含微量元素的叶面肥 2～3 次，以补充微量元素养分。

☞ 23. 梨树的施肥配方特点和施肥技术要点是什么？

梨树的施肥配方与梨树的产量水平、养分吸收量以及梨园土壤条件等有密切关系。河北省晋县鸭梨的施肥方案是：在有机肥的基础上，平均每产 100 千克果实施氮（N）0.2～0.3 千克；株产 150～250 千克的中等梨树，隔年每株施圈粪 150～250 千克，每年追施硫酸铵 1～2 千克。山东黄县迟家村的长把梨，株产 500 千克左右的大树，每株施圈粪 400～500 千克，追施硫酸铵 4～5 千克。通过施肥对提高梨树当年产量和克服大小年结果均有显著效果。

梨树的施肥技术要点：

（1）基肥：梨树应适当深施基肥，防止根系上浮。施肥方法可参照苹果树施基肥方法。根据土壤情况，结合改良土壤，可以掺沙或掺黏土。为满足后期生长需要，还应配合施用磷、钾肥和速效性氮肥，同时结合灌水，以增进肥效。

（2）追肥：梨树在年周期生长中，对氮、磷、钾三要素的吸收动态与苹果树基本相似，但氮、钾的吸收高峰早于苹果树，因此梨树追肥要早施。一般分为 3 次：萌芽肥、花前或花后肥、花芽分化肥。此外，在每次采果前，还可酌情进行根外追肥。一年中，一般每株施氮（N）225 克。梨树吸收氮、磷、钾的比例大体为 1∶0.5∶1。

应当指出：①如果梨园的树冠出现黄叶，这可能是缺铁的症状，及时喷施硫酸亚铁溶液或液体微肥能够矫正，从而避免减产。②注意养分平衡，实行平衡施肥，才能保证果品的良好风味。

☞ 24. 桃树的施肥配方特点和施肥技术要点是什么？

桃树的施肥配方应根据年周期中每个时期的生长发育特点及对肥料的要求，再按品种、树龄、树势、产量及桃园土壤条件综合考虑。

桃树对养分的吸收量是确定桃树施肥配方的依据。每形成100千克果实需氮(N)0.48千克，需磷(P_2O_5)0.20千克，需钾(K_2O)0.76千克，其比例为1∶0.42∶1.58。

以桃树吸收养分量为基础，如果桃园土壤提供桃树吸收的养分量以氮为1/3，磷、钾各占1/2计，不同肥料的利用率按氮50%、磷25%、钾40%计，则可求出桃树施肥的理论值为，亩产666千克果实的桃树，每亩应施氮(N)4.7千克，磷(P_2O_5)2.66千克，钾(K_2O)6.0千克。

在年周期中，桃树对氮、磷、钾养分的吸收动态，一般是从6月上旬开始增强，随果实的生长吸收量不断增加；至7月上旬果实膨大期养分吸收量急剧上升，尤其是钾的吸收量增加更为明显；到7月中旬三元素吸收量达到高峰，直到采收前才稍有下降。

桃树具有生长快、成熟早的特点。合理施肥对调节果品周年供应，满足市场需要有重要意义。

桃树的施肥技术要点：

(1)基肥:桃树以秋施基肥为好。秋施比春施次年开花早,坐果率高,有利于减少6月份的生理落果。秋施基肥除施有机肥料外,还应配合施用速效性化肥,尤其是磷、钾肥,应占全年化肥用量1/3～2/3。

秋施基肥可在落叶前后结合秋耕进行,以放射沟或环状沟施肥方式为好,施肥深度为30～45厘米,以达到根系密集层为宜。

(2)追肥:追肥对桃树生长和结果有重要的作用。追肥应在5月下旬至6月上旬硬核期、6月下旬至7月上旬果实膨大期和果实采收后分期进行。追肥数量按每100千克果实吸收氮(N)250克为基准,按氮、磷、钾比例1:(0.3～0.4):(0.6～1.6)配合施用磷钾肥。追肥分3次施入,各次追肥量分别占总量的30%～60%,20%～50%和20%。

应当指出,关于是否需要施用微肥问题,要根据当地果园土壤微量元素丰缺状况、有机肥施用数量以及结果量等因素综合考虑再做决定,力求有针对性。目前桃园或近年发展的大棚桃树,叶片黄化和出现小叶病的现象时有发生,及时喷施液体或膏状多元微肥,对消除症状有一定的作用。

☞ 25. 葡萄的施肥配方特点和施肥技术要点是什么?

葡萄对营养元素的吸收量是确定施肥配方的参考依据之一。每亩葡萄植株,每年从土壤中吸收氮(N)5～7千克,磷(P_2O_5)2.5～3.5千克,钾(K_2O)6～8千克。N:P_2O_5:K_2O

比例比较稳定，大致为1∶0.5∶1.2。但是在产量水平较高的情况下，葡萄植株对磷、钾，尤其是对钾的吸收量多，这与果树需钾特点有关。各地确定葡萄施肥配方时，一定要根据产量水平和地力情况适当调整养分配比。如印度葡萄园施肥配方为：每亩施氮（N）4.5千克，施磷（P_2O_5）2.3千克，施钾（K_2O）7.5千克。秘鲁葡萄推荐施肥量为：每亩施氮（N）6.6～9.3千克，施磷（P_2O_5）2.7～5.3千克，施钾（K_2O）5.3～8.0千克。

葡萄的施肥技术要点：

（1）基肥：一般在秋季或早春施用基肥。有机肥料的用量需根据土壤、品种、树龄、架式、树势强弱而定。幼龄葡萄每株施有机肥30千克左右，结果初期，按1千克果实施2～3千克有机肥，每100千克有机肥混入1～2千克过磷酸钙。基肥中还可加入钾肥和少量氮肥。

（2）追肥：葡萄每年追肥3～5次，分别在花前、花后、果粒膨大期和着色期进行。氮肥着重在春季幼芽开始萌动时施用，后期重施氮肥并没有好处，往往会发生枝条旺长郁蔽，果实发育不良，着色差和降低抗寒性等不良后果。

应当指出，高产葡萄园不仅要重视氮、磷、钾肥的施用，特别是钾肥的施用有利于增产，改善品质，而且喷施液体或膏状多元微肥能明显提高坐果率，对增产也有好处。

☞ 26. 柑橘类果树的施肥配方特点和施肥技术要点是什么？

柑橘类果树及其果实生长，每年需从土壤中吸收大量矿质养分，因此，为了果树丰产和维持果园土壤肥力，需要施用大量化肥和有机肥。

柑橘吸收养分的数量是确定柑橘施肥配方的重要依据。由于产量水平不同，其养分吸收量存在很大差异。以亩产 4 000 千克的温州蜜柑为例，每形成 1 000 千克蜜柑需从土壤中吸收氮(N)5.2 千克，磷(P_2O_5)0.96 千克，钾(K_2O)3.57 千克。可见，柑橘是需氮和钾较多的果树。柑橘吸收的养分大多贮存在树体中，果实吸收量仅占吸收总量的 32%～57%。

据 7 个柑橘丰产园(亩产 2 500～4 500 千克)的统计，每亩施氮(N)40～72.5 千克，施磷(P_2O_5)15～45 千克，施钾(K_2O)15～35 千克。华南地区亩产 5 000 千克以上甜橙，平均每亩施氮(N)64 千克，施磷(P_2O_5)48.5 千克，施钾(K_2O)30.5 千克。

不同生育期有不同的肥料配方，如冬季施用的配方中氮、磷、钾的比例为 1∶0.7∶1，而在稳果和壮果期施用的比例为 1∶1∶0.5。柑橘是对微量元素比较敏感的果树，一定要根据土壤中微量元素缺乏程度加以补充。如丘陵山地土壤应注意配施硼、锌肥；山地紫沙土也应配施锰、锌、硼肥。

柑橘类果树的施肥技术要点：根据柑橘类果树的物候期，每年应施肥 4～5 次，即萌芽肥、稳果肥、壮果肥与采果肥。由于稳果期时间长，也可多施 1～2 次。

(1)萌芽肥：在 2 月中旬至 3 月上旬春梢萌芽期施下，多以氮肥为主，少施磷、钾肥。在春旱地区应先灌水或施腐熟水粪，然后再施氮肥。

(2)稳果肥:在第一次生理落果后期施下。其作用在于提高坐果率。这一时期的施肥一定要依据树势和结果多少来确定,对结果少、树势旺的树可不施肥;如果结果较多,除了施腐熟有机肥外,还可适当补加氮肥。磷、钾肥主要在此期施用。

(3)壮果肥:一般在 7～9 月期间施入。这一时期正值果实迅速膨大、秋梢抽生和花芽分化期。这一阶段历时较长,而且不少产区常有暴雨,故应连续施肥 2 次为宜。在秋梢生长前 7～10 天可施用腐熟有机肥攻梢。每次施肥都要根据具体情况而定,并且注意施肥后结合灌水。

(4)采果肥:多在采果前或紧接采果后重施基肥,以有机肥料为主,并配施速效氮肥。据报道,在土温下降到 10℃之前的 1 个月内是施基肥的最佳时期。

应当指出,柑橘是常绿性果树,全年都可进行光合作用,因而周年不应缺少各种必需营养元素的供应。除冬季外,每隔 1～2 个月均可薄施腐熟的有机液肥或少量氮肥;也可在花期叶面喷施尿素溶液。结果前的幼树与复壮期的衰老树、冻害树,均应勤施、薄施腐熟的有机液肥,以利老树复壮和幼树提早结果。

☞ 27. 荔枝树的施肥配方特点和施肥技术要点是什么?

荔枝树为亚热带地区常绿性乔木。目前荔枝已成为该地区重点发展的水果之一,在种植业中占有重要地位。荔枝树根系发达,树干粗大,枝叶茂密,生物学产量高,需要吸收的养分也较多。据资料，采收 1 000 千克荔枝鲜果，从土壤中吸收氮(N) 1.35～1.88 千克，磷(P_2O_5) 0.31～0.49 千克，钾(K_2O)2.08～2.52 千克。荔枝树吸钾多是其特点。

荔枝树的施肥配方应考虑上述营养特点，在营养平衡的前提下，调节钾肥的施用时期和用量，对促进荔枝高产、优质、高效有重要作用。根据试验和生产经验，目前施肥配方以单株产 100 千克鲜果，全年施氮(N)1.6～2.0 千克，施磷(P_2O_5) 0.8～1.0 千克，施钾(K_2O)1.8～2.4 千克，较为经济合理。实际施肥时，再根据常年单株实际挂果量、树龄、树势和估计可能达到的单株产量推算出实际施肥量。

荔枝树的施肥技术要点：荔枝树的施肥应根据气候、土质、品种、树龄、树势、结果量和枝梢抽生及控制等情况灵活掌握。

(1)基肥：一般应重施基肥。目的在于促进秋梢适时萌发，并抑制冬梢萌发。早熟品种树壮、挂果少的树，青壮年树，可在采果后半个月至 1 个月施肥。晚熟品种结果多的树、弱树、老树，或准备在采果后留两次梢作为次年结果母枝的适龄结果树，在采果前 10～15 天施肥。盛果树每产果 100 千克应施氮(N)0.8 千克，磷(P_2O_5)0.4 千克，钾(K_2O)0.7 千克。这一用量约占全年总量的 40%。基肥以有机肥为主，并应配施氮、磷、钾化肥。

(2)追肥：荔枝树于 2 月底至 3 月中旬抽穗最快，于 3 月底至 4 月中旬为开花盛期。第一次追肥应在开花前 10～20 天施入。应以磷、钾肥为主，配合施用氮肥、有机肥等。目的是增强树体营养，促进花芽分化，使花穗发育健壮。第二次追肥主要是促进果实发育，保果、壮果，提高果实品质。应施氮、磷、钾适当配比的速效性化肥，以减少第二次生理落果。此次追肥前，可根据坐果多少、树势强弱适当补充追肥，前期以速效性化肥为主，后期则应增施有机肥料。此时还可喷施0.3%～0.5%尿素溶液，或0.3%磷酸二氢钾溶液，必要时可喷施0.05%～0.1%的硼酸溶液，对荔枝丰产有一定的作用。

☞ 28. 菠萝的施肥配方特点和施肥技术要点是什么？

菠萝为多年生常绿草本植物。菠萝的生长需要大量的氮、较多的钾、平衡的镁和少量的磷与钙。据研究，一般每亩种植2 666株的菠萝园，每亩产量为3 666千克时，植株需从土壤中吸收氮(N)13.66千克，磷(P_2O_5)3.86千克，钾(K_2O)26.6千克，三者的比例为1∶0.28∶1.92。其中随果实带走的养分量为：氮(N)2.87千克，磷(P_2O_5)1.10千克，钾(K_2O)8.73千克，三者的比例为1∶0.38∶3。可见，菠萝对钾的需要量是很高的。因此，菠萝的施肥配方特点是重施钾肥。钾对菠萝品质的影响比产量更加重要。

菠萝的施肥技术要点：

(1)基肥：种植菠萝的山坡地，土壤干旱贫瘠，定植时一次性施足基肥是菠萝高产优质的基础性措施。一般基肥可与深耕、作畦结合进行。果农习惯用牛栏粪、绿肥作基肥，配合适量化肥进行沟施或穴施。

(2)追肥：菠萝从定植到成熟，一个生长周期历时23个月。从定植到花芽分化的一年多时间里，是菠萝的营养生长阶段。苗期阶段一般不追肥，如果苗期生长差可追稀薄的水肥。到了第二年开春可适当追施少量氮肥，目的在于促进苗叶生长。进入生殖生长期要重点抓好 3 次追肥：第一次于 11 月份施花芽分化肥，以磷、钾为主，适当控制氮肥的用量；第二次于 12 月份到次年 1 月间施催蕾肥，每株施圈肥 10～15 千克和 0.5 千克磷肥；第三次于 4～5 月份施攻果催芽肥，此期以中量氮、高量钾促进果实长大，保证果实品质。

☞ 29. 香蕉的施肥配方特点和施肥技术要点是什么?

香蕉为多年生常绿大型草本植物。若以中等产量亩产 2 000 千克蕉果计算，每亩香蕉约需从土壤中吸收氮（N）24 千克，磷（P_2O_5）7 千克，钾（K_2O）87 千克。而香蕉每千克鲜物中含有氮 5.6 克，磷（P_2O_5）1 克，钾（K_2O）28.3 克，三者的比例为 1∶0.2∶5。可见，香蕉是非常喜钾的植物。

一个新香蕉园（以每亩 167 株香蕉计），每亩至少需施氮（N）16.7 千克，施磷（P_2O_5）4 千克，施钾（K_2O）66.7 千克。这种施肥配方是维持香蕉高产水平所需要的。在大多数情况下，每年每株香蕉至少需施氮（N）80 克，应分几次施入土壤中。

香蕉施肥配方的特点是需钾肥多，在缺钾土壤上，增施钾肥可增大果梗生长和水果产量，并能改善水果品质，延长贮存时间，以及增强抗病能力。因此，香蕉施用含钾多的复混肥

（如 5—7—23 或 10—10—20）效果较好。

香蕉的施肥技术要点：

（1）新植香蕉园：应当施足基肥，以有机肥为主，基肥常用穴施的方法，每亩施有机肥 3 000～5 000 千克，并混加 25～30 千克过磷酸钙和 15～20 千克硫酸钾。蕉苗栽植后 20 天进行第一次追肥，每株施水粪 20 千克，硫酸铵 100 克，以后每月施肥一次。如果新蕉当年不能抽蕾，7～9 月份要控肥。

（2）越冬蕉：在 12 月份至次年 1 月期间应施基肥，每亩用花生饼 25 千克和沤制 20 天的人畜尿 200 千克、过磷酸钙 10 千克与有机肥 4 000～5 000 千克混合，单株穴施。然后，每株用塘泥 50～100 千克培蕉头。次年 4～6 月份每亩可以施水粪 300 千克、花生饼 300 千克、硫酸铵 15～25 千克和硫酸钾 10～20 千克。

（3）宿根蕉：每年应施肥 5 次。第一次在新根发生前（2 月中旬），每株穴施腐熟人粪尿 20 千克，硫酸铵 100～150 克，硫酸钾 250～300 克；第二次在 4 月份，每株施入腐熟的人粪尿 25 千克，遇雨改施硫酸铵 200～300 克，硫酸钾 500 克；第三次在 6～7 月份，每株施人粪尿 15 千克，硫酸铵 200～300 克，过磷酸钙 500 克；第四次在采收后，每株施人粪尿 20 千克、草木灰 10 千克或硫酸钾 500 克；第五次在 10 月份，以有机肥料为主，每株施圈肥 50～100 千克、过磷酸钙 500 克和硫酸钾 300～500 克，以增强植株的抗寒能力。

以上施肥方案是根据蕉农施肥经验提出的，具体实施时，应根据当地具体情况（如蕉龄、土壤肥力、气候条件等）作适当调整。有条件的地区，可选用香蕉专用的三元复混肥料。

六、合理施肥的要诀

合理施肥是一项涉及面广、技术性强的农业增产措施。多年来的施肥实践表明，为了搞好农业生产，应该牢记并掌握以下6句要诀。它们对大田作物、蔬菜和果树施肥同样具有重要的指导意义。

一个施肥原则要坚决贯彻

有机肥料与化学肥料配合施用的施肥原则是我国肥料技术政策的核心内容，也是建设高产、稳产农田的重要措施。这是因为有机肥料和化学肥料是两类不同性质的肥料。可以说，有机肥料的许多优点是化肥所没有的，而化肥的优点正是有机肥料的缺点（表6-1）。只有两者配合施用才能取长补短，充分发挥肥效。

两个养分平衡要切实做到

两个养分平衡是指氮、磷、钾养分之间的平衡和大量元素养分与中、微量元素养分之间的平衡。只有在养分平衡供应的前提下，才能大幅度提高养分的利用率，增进肥效。因而，它是合理施肥的一项重要内容。过去在单产不高时，土壤中缺什么养分就补充含什么养分的肥料，这叫做矫正施肥。然

表 6-1 有机肥料与化学肥料的比较

有机肥料	化学肥料
1.含有一定数量的有机质,有显著的改土作用	1.只能供给作物矿质养分,不含有机物质,一般没有直接的改土作用
2.含养分种类多,但养分含量低	2.养分含量高,但养分种类比较单一
3.供肥时间长、肥效缓慢	3. 肥效快、供养分数量多,但肥效不能持久
4.既能促进作物的生长,又能保水保肥,有利于化学肥料发挥作用	4. 含养分浓度大,容易挥发、淋失或发生强烈的化学固定,肥效明显降低

而,如今在要求高产的情况下,平衡施肥就显得更加重要,这样做才是真正的合理施肥。平衡施肥需要经历一个相当长的时期。待土壤中养分含量有了很大的增加,那时候就可以适当地减少施肥量,而进入维持性施肥阶段了。这是合理施肥发展的 3 个阶段。应该指出,养分平衡是相对的,而养分不平衡则是绝对的。基于这一概念,才能不断地发现施肥中出现的新问题,并给予解决,使作物产量得以逐步提高。

三种施肥方式要灵活掌握

一般施肥有三种方式,即基肥、种肥和追肥。基肥是作物播种前施用的肥料,主要是有机肥料,还有一部分化肥,特别是磷、钾、肥。其主要目的是为作物整个生长期提供良好的营养条件,尤其对满足作物中后期对磷、钾养分的大量需要有重要意义。种肥是指播种或定植时,施于种子附近的肥料。种肥的目的在于解决苗期营养问题,促进壮苗。有时施用腐熟的有机肥料,有时也可施用少量的氮、磷化肥。切记化肥用量不可过多，否则易造成“烧苗”。同时高浓度、湿性大、挥发性强以及含氯化肥不能（宜）作种肥。用液体微肥拌种、浸种也属于种肥的范畴。追肥是生长期内为解决作物需求养分与土壤供应养分之间的矛盾而施用的肥料。为了及时供应养分，主要是施用速效性肥料（特别是氮肥），而且用量较大，以保证作物丰产对养分的需求。以上 3 种施肥方式应根据具体情况灵活掌握，不要强求一致。例如在干旱地区强调肥料一次性作基肥；两熟制地区的夏玉米，为了抢种往往没有时间施基肥，只好及早重施追肥。不过，有灌溉条件的地区，还是应该提倡基肥与追肥配合施用为好。

四个施肥原理要深刻领会

合理施肥一定要有理论指导，否则不可避免地会导致盲目施肥。对合理施肥有指导意义的理论已如前述，即：养分归还学说明确投肥的必要性，提高自觉投肥的意识；最小养分律指明了施肥要有针对性；报酬递减律指出投入和产出的关系，说明施肥要有限度；因子综合作用律说明各个增产措施要相互配合，不仅有单独因子的效应，而且还有因子配合的交互效应，利用它达到增进肥效的目的。只有对施肥理论的实质理解了，才能在生产实践中发现现阶段的施肥问题，从而解决问题；也才能在施肥实践中多一些科学性，少一些盲目性。

五项施肥指标要全面评价

施肥是否合理不应仅从产量一个方面来判断，而应从产量、质量、经济、生态和改土等5项指标进行综合评价。前3项是农业生产高产、优质和高效的具体体现。从环境保护的角度出发,生态指标是指合理施肥与环境的关系。必须明确,施肥不当会造成环境污染。如过量施用氮肥引起氨挥发对大气的污染;地下水的硝酸盐富集和湖泊的富营养化,从而对人畜健康构成严重的威胁,因为硝酸盐在还原条件下形成亚硝酸盐,而亚硝酸盐与胺作用可形成致癌的亚硝胺;此外,用未经处理的污水灌溉,极易造成土壤重金属如铅、汞、镉、砷等的污染,土壤一旦被重金属污染,它就进入食物链而很难治理,因而对人畜健康的危害极大。关于改土指标是告诫人们经营农业生产是一个长期的任务,必须树立当前利益与长远利益结合的观点,要十分重视改土、培肥工作,因为它是农业可持续发展的需要。对于新菜地来说,改土、培肥不是短期能见效的事,而应作长远打算,并通过各种措施逐步加以实现。一旦土壤性质得到改善,土壤肥力得到提高,不仅促进了农业生产的可持续发展,而且还可节约用肥、提高肥效。

六项施肥技术要综合运用

施肥技术是肥料种类(品种)、施肥量、养分配比、施肥时期、施肥方法和施肥位置等项技术的总称。其中每一项技术均与施肥效果密切有关。但是也应指出,在诸多施肥技术中施肥量是个核心问题。为此,农业部在20世纪80年代初期针对当时偏施氮肥,养分比例失衡的情况,提出了以平衡施肥为特征的配方施肥新技术。实践证明,它是我国施肥技术的重大改革和进步。

强调施肥量的重要性并不等于说其他施肥技术就不重要。相反，只有在平衡施肥的前提下，配合其他施肥技术，才有可能发挥肥料的最大效益。要特别指出的是化学氮肥的施用方法问题。广大农民对挥发性强的碳酸氢铵必须深施覆土有了较深刻的认识，但对化学性质稳定的尿素表施同样会引起挥发损失仍存在模糊的认识。对于密植作物来说，先撒肥后浇水只是一种折中的补救措施。

用以上要诀的方式对合理施肥进行总结是一种尝试，目的是突出合理施肥的有关内容，并按施肥原则、养分平衡、施肥方式、施肥理论、施肥指标和施肥技术等加以排序，使之便于记忆和应用。希望广大农民通过施肥实践不断提高科学施肥的水平，为促进农业可持续发展作出新贡献。

附　　表

附表1　常用氮肥的成分、性质和施用技术要点

肥料名称	化学成分	含氮(N)量(%)	性质和特点	施用技术要点
铵态氮肥				
液氮	NH_3	82	沸点很低，极易挥发，在常温、常压下为气体，在17～20个大气压(1标准大气压＝101.325千帕)时为液体	需用施肥机械施用，施用深度20厘米左右为宜
碳酸氢氨	NH_4HCO_3	16.8～17.5	白色晶体，化学性质不稳定；易溶于水、吸湿性强，易分解，挥发，有强烈的氨味；湿度越大，温度越高，分解越快	贮存时要防潮、低温、密闭。施用时应深施(10厘米左右)覆土，作基肥、追肥均可，但不可作种肥
硫酸铵	$(NH_4)_2SO_4$	20～21	吸湿性小，是生理酸性肥料。易溶于水，作物易吸收	宜作种肥，作基肥、追肥亦可。施于石灰性土壤应深施覆土，防止挥发。酸性土壤长期施用时，应配合施用有机肥或石灰
氯化铵	NH_4Cl	24～25	吸湿性小，是生理酸性肥料。易溶于水，作物易吸收	可作基肥和追肥，但不宜作种肥。盐碱地和对氯敏感的作物不宜施用。施于水田的效果比硫酸铵好

续附表 1

肥料名称	化学成分	含氮(N)量(%)	性质和特点	施用技术要点
硝态氮肥				
硝酸钠	$NaNO_3$	15	吸湿性强,是生理碱性肥料。易溶于水,作物易吸收。贮存时应防潮	适用于中性和酸性土壤,一般作追肥用,在干旱地区可作基肥。不宜作种肥,水田施用效果差,盐碱地不宜施用
硝酸钙	$Ca(NO_3)_2$	13～15	为钙质肥料,有改善土壤结构的作用。吸湿性强,是生理碱性肥料。贮存时应防潮	适用于各类土壤和各种作物,但不宜作种肥,不宜在水田施用,一般作追肥效果好
硝酸铵	NH_4NO_3	34～35	吸湿性强,易结块,是生理中性肥料,无副成分,易燃。成分中虽有铵态氮素,但性质、特征属硝态氮肥类型。注意防潮,不要和易燃物同存一处,以免发生火灾	适用于各类土壤和各种作物,但因吸湿性强不宜作种肥,施于水田效果差。施用时应及时覆土
酰胺态氮肥				
尿素	$CO(NH_2)_2$	44～46	有一定的吸湿性,长期施用对土壤无不良影响。在土中转化与土壤肥沃程度、湿度、温度等条件有关,温度高时转化快,在寒冷的季节转化慢	适用于各类土壤和各种作物。适宜作基肥。作追肥应比一般肥料提前 4～5 天。不宜作种肥。尿素作为根外追肥最为理想,水田不宜施用

附表 2 常用磷肥的成分、性质和施用技术要点

肥料名称	主要成分	含磷(P_2O_5)量(%)	性质与特点	施用技术要点
水溶性磷肥				
过磷酸钙(又称普通过磷酸钙)	$Ca(H_2PO_4)_2 \cdot H_2O$	12～18	粉状,灰白色,有吸湿性和腐蚀性,稍有酸味。所含磷酸大部分易溶于水,呈酸性反应。肥料中含有40%～50%的石膏($CaSO_4 \cdot 2H_2O$),石膏不溶于水	可作基肥、种肥,尤以苗期效果好。如需作追肥,必须开沟深施于根层(根系附近),表施效果差。也可作根外追肥。适用于中性或碱性土壤,在酸性土壤上应配合施用石灰或有机肥料
重过磷酸钙	$Ca(H_2PO_4)_2 \cdot H_2O$	36～52	灰白色粉状或颗粒,有吸湿性,易溶于水。重过磷酸钙中不含石膏,无副成分,磷的含量相当于普通过磷酸钙的2倍或3倍,所以又称为双料或三料过磷酸钙	适用于各类土壤和各种作物。作基肥、种肥均可。施用方法与普通过磷酸钙相同,但施用量应减少一半以上
弱酸溶性磷肥				
钙镁磷肥	α-$Ca_3(PO_4)_2$、CaO、MgO、SiO_4等	14～18	灰绿色粉末,不溶于水,不吸湿,不结块,便于运输和贮藏,呈碱性反应,所含磷酸能溶于弱酸。在土壤中移动性小,不流失	适用于酸性土壤,一般作基肥用,施于根层。用于蘸秧根、拌稻种,效果明显。在石灰性缺镁土壤土施用,有明显效果。但肥效不如过磷酸钙

续附表 2

肥料名称	主要成分	含磷(P_2O_5)量(%)	性质与特点	施用技术要点
脱氟磷肥	α-$Ca_2(PO_4)_2$ 及 $Ca_4P_2O_9$	20～30	深灰色粉末，不吸湿，不结块，化学性质与钙、镁、磷肥相似。磷的含量随矿石质量而定	可作基肥。对各种作物均有效果，在酸性土壤上其效果高于普通过磷酸钙，钙、镁、磷肥和磷矿粉
难溶性磷肥				
磷矿粉	$Ca_3(PO_4)_3OH$ 或 $Ca_5(PO_4)_3F$	>14	呈灰、棕、褐等色，形状似土，不吸湿，不结块。有的磷矿粉有光泽	适合在酸性土壤上作基肥，撒施并结合耕翻。有后效，连续施用几年后，可每隔3～5年施一次
骨粉	$Ca_3(PO_4)_2$	22～33	灰白色粉末，不吸湿，含有 1%～3% 的氮素	可作基肥，适合在酸性土壤。在华北地区应与有机肥料共同堆沤后施用。肥效比磷矿粉高。水田施用易产生漂浮现象，效果不好，应事先进行发酵

附表3　常用钾肥的成分、性质和施用技术要点

肥料名称	主要成分	含钾(K_2O)量(%)	性质与特点	施用技术要点
硫酸钾	K_2SO_4	48～52	白色或淡黄色晶体，易溶于水，作物易吸收利用，吸湿性弱，是生理酸性肥料	适用于各种作物，尤其是烟草、亚麻、葡萄、马铃薯及茶等，效果比氯化钾好。作基肥或追肥，但应适当深施，集中施用。追肥宜早，早期追施效果比晚期追肥好
氯化钾	KCl	50～60	白色或粉红色晶体，易溶于水，作物易吸收利用，吸湿性弱，是生理酸性肥料	与硫酸钾基本相同，但对氯敏感的作物不宜施用。不宜施于盐碱、涝洼地
草木灰	主要为K_2CO_3、K_2SO_4、K_2SiO_3等	5～10	是含钾较多的农家肥。主要成分能溶于水，呈碱性反应。除含钾外，还有磷及各种微量元素	适用于各种土壤和作物，可作基肥或追肥，应开沟施入。为了防止氨的挥发，不可和人粪尿或铵态氮肥混用

附表 4　复合肥料的成分、性质和施用技术要点

肥料名称	主要化学成分	养分含量(%) N—P_2O_5—K_2O	物理性状	施用要点
氮磷二元复合肥料				
氨化过磷酸钙	$NH_4H_2PO_4$ $CaHPO_4$ $(NH_4)_2SO_4$	(2～3)—(13～15)—0	吸湿性较小	与过磷酸钙施用方法基本相同，氮、磷比例为1∶6，应适当补施氮肥
硝酸磷肥(冷冻法)	$CaHPO_4$ $NH_4H_2PO_4$ NH_4NO_3	20—20—0	吸湿性强，易结块	最适宜在北方做追肥施用。氮、磷含量比例接近。对大多数作物均有良好效果，但水田不宜施用
磷酸铵	$NH_4H_2PO_4$ $(NH_4)_2HPO_4$	(12～18)—(46～52)—0	有吸湿性，吸湿后，有一定的挥发	含磷量比氮高，应注意补充氮素。适用于各类土壤和各种作物，可做基肥。如做追肥宜早施。做种肥时，不能与种子直接接触，且用量要少
磷钾二元复合肥料				
磷酸二氢钾	KH_2PO_4	0—52—34	吸湿性较小	价格昂贵，目前多用于根外追肥或浸种，喷施浓度为0.1%～0.3%，浸种浓度为0.2%

续附表 4

肥料名称	主要化学成分	养分含量(%) N—P_2O_5—K_2O	物理性状	施用要点
氮钾二元复合肥料				
硝酸钾	KNO_3	13—0—46	吸湿性小，不易结块。氮、钾比例为 1∶3.5，是以钾为主的复合肥料	宜用作喜钾、对氯敏感作物的追肥。水田不宜施用。多用作生长后期补钾的根外追肥，浓度为 0.6%～1.0%
氮磷钾三元复合肥料				
硝磷铵	$CaHPO_4$ NH_4NO_3 KNO_3	10—10—10	有吸湿性，应注意防潮	目前多半为经济作物(如烟草)的专用肥料
氮磷钾复混肥	$CO(NH_2)_2$ $(NH_4)_2HPO_4$ K_2SO_4	15—15—15 或根据需要调整配方	灰白色颗粒，吸湿性小	应作基肥施用，不足的氮素可用单质氮肥以追肥方式补充

附 图

一、大量营养元素缺素症

（一）缺氮（N）症状

1. 缺氮的玉米植株（田间）：植株较矮，发育迟缓，基部老叶严重黄化，有的已经枯死。

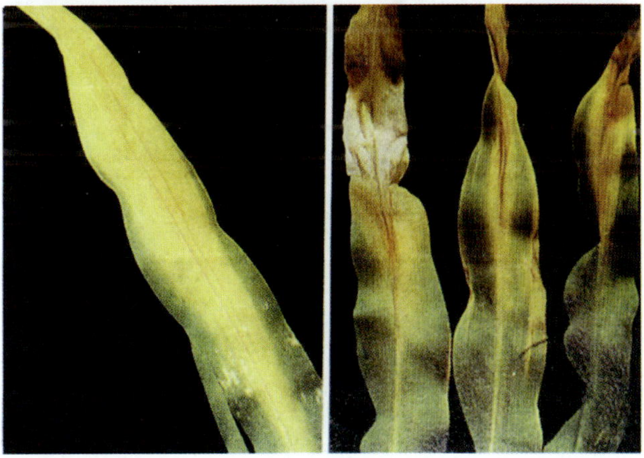

2. 玉米叶片：左为缺氮的玉米叶片，注意绿叶呈“V”形；右为玉米老叶缺氮的典型症状，沿中脉呈现黄色。

3. 小麦盆栽试验：左为正常的小麦植株；右为缺氮的小麦植株，麦苗矮小，叶短窄，下部老叶首先发黄。

4. 水稻植株：左为正常的分蘖期水稻；右为缺氮的稻苗，叶色淡绿，下部老叶枯黄，中部叶片的叶尖也开始发黄，直立，分蘖少。

5. 棉花试验：左为缺氮的棉株，植株矮小，叶色黄色，发育迟缓；右为正常的棉株。

6. 缺氮的烟草植株：注意其叶色淡绿，下部叶片呈烧焦状。

7. 叶用莴苣：上为成熟的叶用莴苣；下为同龄的缺氮植株，叶片发白，生长缓慢，包心小，最终外叶变为黄白色而死亡。

8. 萝卜植株：左为沙培 14 周的健康萝卜；右为缺氮 3 周的植株，老叶发黄，并出现红色叶脉。

（二）缺磷（P）症状

9. 缺磷的玉米：其典型症状为叶片边缘呈现紫红色。

10. 成熟的稻穗：右为缺磷的稻穗，分枝少，穗小，总结实数也少，且子粒不饱满；右为正常稻穗。

11. 小麦田间景观：-P 为缺磷的麦苗，由于生长严重受抑制，植株明显矮小，分蘖非常少。

12. 缺磷的小麦叶丛：叶尖发焦，有些下部叶片呈紫红色。

13. 水稻盆栽试验：左为正常的稻苗；右为缺磷的稻苗，植株矮小，直立，叶色暗绿。

14. 缺磷的烟草植株：注意其叶片狭小、直立，叶色暗绿，无光泽。

15. 缺磷的甜菜：下部叶片呈现紫红色，块根小而细长，略显紫红色。

16. 油菜试验：左为正常的油菜；中为不施肥的对照；右为缺磷（施氮、钾肥）的油菜，生长停滞，其生长量与对照相差无几。

17. 柑橘果实：左为缺磷的柑橘，果实畸形、空心，皮厚且粗糙，由此而使得果实比正常的大；右为生长正常的柑橘。

（三）缺钾（K）症状

18. 玉米叶片：左为玉米吐丝期的老叶缺钾症状；右为缺钾叶片的特写，注意叶尖和叶缘呈灼烧状。

19. 玉米果穗：左为缺钾的果穗，果穗小，秃尖，排列不整齐，且子粒不饱满；右为正常的果穗。

20. 开花期缺钾的小麦：其症状为旗叶叶尖发黄，小穗不饱满，特别是穗端的小穗发育差。

21. 拔节期缺钾水稻的叶丛：叶尖焦枯，叶缘枯黄，叶片有褐斑。

22. 水稻叶片：左为正常的叶片；其他为不同程度缺钾的叶片，其特征为叶片中间为绿色，叶缘枯焦并有褐斑。

23. 棉花叶片：左为正常的叶片；其余为缺钾的叶片，叶片略带棕色，叶缘不整齐。

24. 棉铃：左为正常的棉铃；右为缺钾的棉铃，铃小，发育差，而且吐絮不好。

25. 缺钾的大豆叶片：最初下部产生褐色斑点，继而变成不规则的黄色叶缘。

26. 大豆的子粒：上为正常的豆粒；下为缺钾的豆粒，子粒大小不一，皱缩，不饱满，品质差。

27. 甜菜植株：中为正常的植株；左为缺钾的植株，植株很矮小，叶尖呈暗绿至褐色，块根小，糖产量低；右为缺磷的甜菜。

28. 缺钾的甜菜叶片：初始叶色稍暗，继而叶尖和叶缘褪绿，严重时叶缘发生坏死，叶片发皱或向上卷曲。

29. 烟草叶片：后排为正常的烟草叶片；前排为缺钾的烟草叶片，注意叶尖和叶缘呈烧焦状，叶小而色淡。

30. 缺钾的花生叶片：最初老叶脉间出现黄斑或黑色圆斑，随后大部分叶片褪绿，而中脉周围仍保持绿色，叶缘出现褐色坏死。

31. 番茄果实：左为具有正常红色的番茄果实；右为有“绿背”症状（缺钾）的番茄果实。

32. 番茄果实的剖面：左为正常的；右为缺钾的，果实较小，内空，汁液少，多为等外果。

33. 苹果缺钾：最初基部枝条的叶片失绿，随后发生坏死或叶缘呈烧焦状。果实小，着色差，味淡，不耐贮藏。

34. 苹果比较：左为供钾充足的苹果，色泽鲜红，有光泽；右为缺钾的苹果，着色差，无光泽。

二、中量营养元素缺素症

（一）缺钙（Ca）症状

35. 缺钙的番茄果实：最初形成棕褐色斑块，继而溃烂，称为“脐腐病”。

36. 缺钙的玉米叶片：其特征是叶缘破裂，叶缘发黄而中脉两侧仍保持绿色。

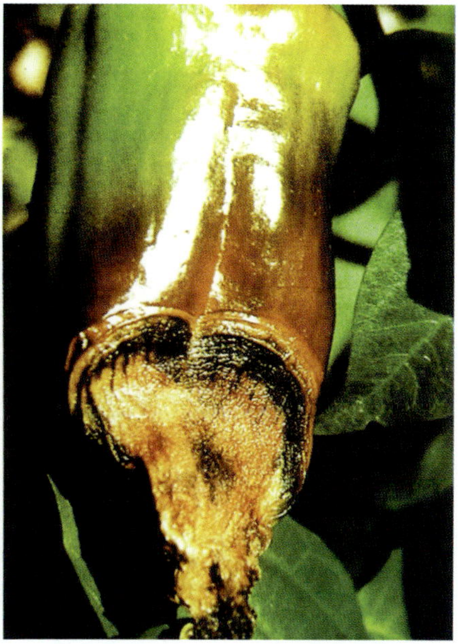

37. 缺钙的甜椒：果实顶端先出现深棕色斑块，随后逐步腐烂，称为“脐腐病”。

38. 甘蓝植株：左为缺钙的甘蓝，幼叶呈杯状，发皱而叶尖灼伤；右为健康的植株。

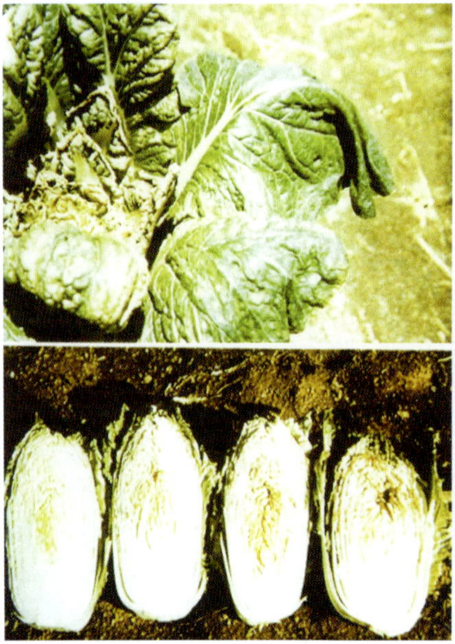

39. 缺钙的大白菜：上为外叶，叶片皱缩，叶缘有黄斑；下为不同程度的“干烧心”，即内叶叶尖发黄，呈枯焦状。

40. 缺钙的苹果：在果实表面出现大小不一的褐色斑点，品质下降，称为“苦痘病”。

41. 缺钙的梨：果实外表有褐色斑点，注意切开后内部也有褐色斑点，果实品质下降，这也是苦痘病的表现。

（二）缺镁（Mg）症状

42. 缺镁的玉米叶片：叶脉间呈现带有黄色的念珠状条纹。

43. 缺镁的苹果：成熟叶片的叶脉间出现淡绿色斑点，并逐渐扩大到叶缘。

44. 轻度缺镁的马铃薯叶片：叶脉间失绿而呈“人”字形。

45. 缺镁的花椰菜：症状首先发生在老叶上，脉间失绿，而叶脉保持绿色。

46. 缺镁的番茄叶片：叶片变得易碎，并有从叶尖到底部卷曲的趋势。叶脉保持绿色，当叶脉间变黄时，叶片即死亡脱落。

47. 缺镁的葡萄叶片：下部老叶首先出现症状，注意脉间失绿而叶脉仍保持绿色。

（三）缺硫（S）症状

48. 甘蔗叶片：右为缺硫的甘蔗叶片，叶片失绿，叶缘呈紫红色；左为已施硫酸铵的健康植株的叶片。

49. 甜菜盆栽试验：左为未施硫肥的，叶片发黄；右为施过硫肥的，叶色正常。

50. 矮生菜豆的叶片：左为未施硫肥的，叶片发黄；右为施过硫肥的，叶片正常。

51. 芹菜盆栽试验：左为施过硫肥的，叶色正常；右为未施硫肥的，叶片发黄。

52. 马铃薯盆栽试验：左为未施硫肥的，叶片发黄；右为施过硫肥的，叶色正常。

53. 番茄盆栽试验：左为未施硫肥的，叶片发黄；右为施过硫肥的，叶片正常。

54. 缺硫的桃树叶片：叶色黄白。

三、微量营养元素缺素症

（一）缺铁（Fe）症状

55. 缺铁的玉米植株：新叶黄化，脉间失绿，呈现清晰的条纹状，基部叶片仍保持绿色。

56. 营养液培养的水稻植株：左为正常的稻苗；右为缺铁的稻苗，植株矮小，新叶黄化，但老叶仍保持绿色。

57. 缺铁的花生叶片：绿色叶脉间变为黄色，而叶脉仍保持绿色。

58. 缺铁的大豆植株：叶脉间变为黄色，而叶脉仍保留绿色，随后较新的叶片包括叶脉有时几乎变为白色。

59. 烟草植株：A 为正常的植株；B 为缺铁植株，注意上部叶片失绿，变为黄白色，植株矮小，发育迟缓。

60. 严重缺铁的苹果枝条：枝条上的叶片严重黄化。

61. 缺铁的番茄：首先上部叶片开始黄化，而下部老叶仍为绿色。

62. 严重缺铁的幼年桃树：几乎全部叶片黄化。

63. 黄瓜叶片：左为缺铁的黄瓜叶片，叶片黄化；右为健康植株的叶片。

（二）缺硼（B）症状

64. 缺硼的玉米：一般症状是秃尖，子粒排列不整齐和子粒发育不规则。

65. 棉花叶柄：左为正常的叶柄；右为缺硼叶柄的纵剖面，可见间断的褐色组织，在外观上呈现出暗绿色或褐色环带。

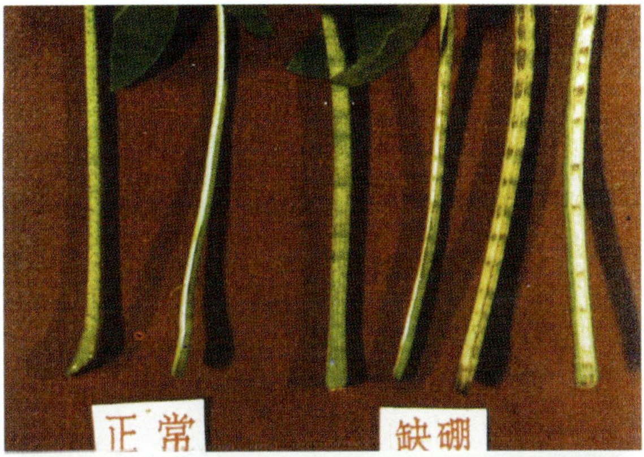

66. 甜菜的纵剖面：左为水浸状组织，中为形成孔穴，右为“心腐”，此症状都是缺硼引起的。

67. 严重缺硼的花椰菜：花头中间已形成孔穴。

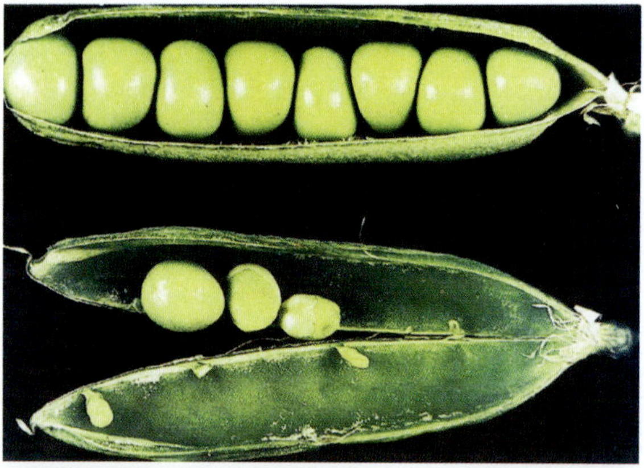

68. 豌豆荚果：上为健康的荚果；下为缺硼的荚果，粒秕而少。

69. 油菜结荚情况：左为缺硼植株，角果少且不结子，即花而不实症；右为正常的植株。

70. 油菜角果：左为正常的角果；右为缺硼的角果，不仅角果小，而且结子差。

71. 缺硼的胡萝卜：注意此根裂现象不是刀切的，而是缺硼造成的。

72. 缺硼黄瓜的剖面：注意黄瓜中心呈褐色。

73. 严重缺硼的苹果：其典型症状为果实严重畸形。

（三）缺锰（Mn）症状

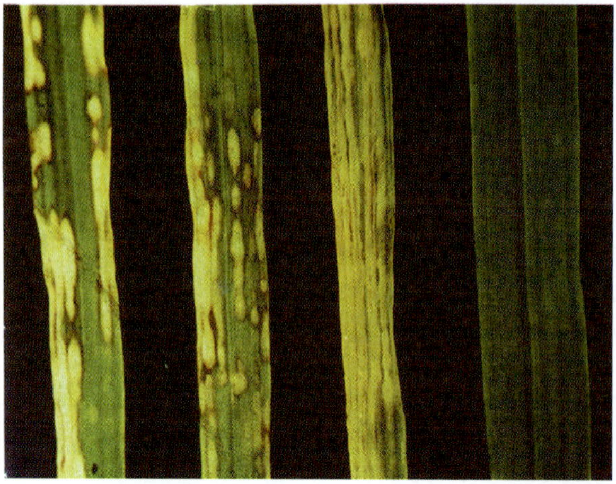

74. 燕麦叶片：右为健康叶片；其余为缺锰的叶片，表面有许多坏死斑点。

75. 缺锰的大豆：下部老叶上出现许多不规则的棕色斑点。

76. 缺锰马铃薯叶片的背面：注意观察缺锰造成的棕色坏死斑点。

77. 缺锰的菜豆：幼叶具有脉间明显失绿的特征。

78. 缺锰的番茄：叶肉呈现黄色，而叶脉仍为绿色，叶片皱缩。

79. 缺锰的甜樱桃（叶）：叶脉间失绿，而叶脉仍保持绿色。

(四) 缺铜 (Cu) 症状

80. 缺铜的小麦：麦穗发育迟缓，包在叶鞘内，抽穗困难，结实也差。

81. 缺铜的大麦植株：注意症状的特点是抽穗困难。

82. 向日葵的花盘：左为施过铜肥的，花盘较大；右为轻度缺铜的，花盘很小。

83. 洋葱鳞茎：左为正常的鳞茎；右为缺铜的鳞茎，外部鳞茎皮薄而色黄。

84. 缺铜的番茄：其症状为叶片向内卷曲，皱缩。

85. 缺铜的黄瓜：上部叶片畸形，向内翻卷，花发育不好。

（五）缺锌（Zn）症状

86. 缺锌的玉米植株：注意叶片中脉两边呈白至黄白色症状，俗称“白苗病”。

87. 缺锌的玉米：其症状为叶脉间失绿变黄，呈现明显的条纹状。

88. 缺锌的水稻：分蘖期新叶基部发白，老叶沿中脉两侧变褐，并有褐色斑点，有些老叶的中脉亦呈褐色。

89. 烟草植株：A 为施锌的烟草；B 为未施锌的烟草，注意叶片失绿，并出现棕色斑点。

90. 缺锌的番茄：上部叶片首先表现为小叶丛生，称为“小叶病”。

91. 苹果的新梢：左为健康、正常的新梢；右为缺锌引起的“小叶病”新梢。

92. 桃树枝条：左为缺锌的枝条，其特征为小叶丛生；右为正常的桃树枝条。

93. 中度到严重缺锌的葡萄植株：注意症状的特点是形成小叶。

（六）缺钼（Mo）症状

94. 缺钼的小麦叶片：下部叶片先褪绿，叶尖枯黄并向基部发展，有念珠状斑点，排列整齐。

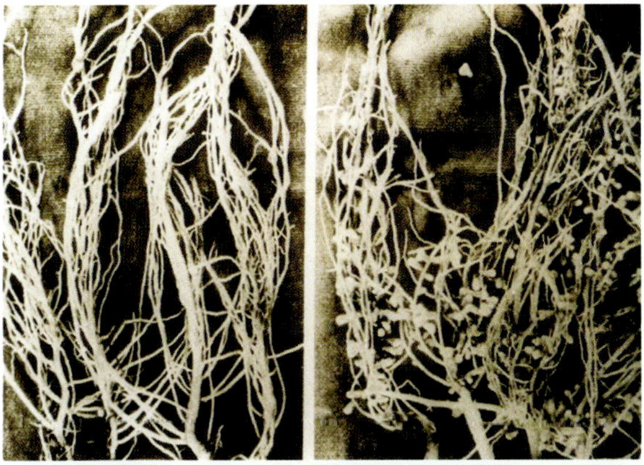

95. 大豆根系：左为缺钼大豆的根系，与正常的（右）相比，根瘤数明显减少，而且根瘤也小，严重影响其固氮效率。

96. 缺钼的花椰菜：注意花头松散并有黄斑。

97. 缺钼的花椰菜：老叶完全展开，并呈暗绿色；幼叶较少或具有变形而狭窄的残叶，俗称“鞭尾病”。

98. 缺钼的甘蓝：注意淡绿色幼叶边缘呈现“火烧”状。

（七）缺氯（Cl）症状

99. 甘蔗根系：中为缺氯的甘蔗（根），根系变形，并增加大量侧根；左为正常的根系；右为受氯毒害的根系。

100. 冬小麦植株：右为缺氯的植株，叶尖发黄，并有许多斑点；左为施用含氯化肥的正常植株。